彩图3-1 美早

彩图3-2 福晨

彩图3-3 布鲁克斯

彩图3-4 红灯

彩图3-5 早生凡

彩图3-6 早大果

彩图3-7　明珠　　　　　　　　　　　彩图3-8　福星

彩图3-9　萨米脱　　　　　　　　　　彩图3-10　先锋

彩图3-11　拉宾斯　　　　　　　　　　彩图3-12　艳阳

彩图3-13　黑珍珠

彩图3-14　桑提娜

彩图3-15　雷尼

彩图5-1　自由纺锤形

彩图5-2　牙签开角

彩图6-1　细菌性穿孔病

彩图6-2　根癌病

彩图6-3　褐腐病

彩图6-4　根颈腐烂病

彩图6-5　褐斑病

彩图6-6　流胶病

彩图6-7　灰霉病

彩图6-8 李属坏死环斑病毒病

彩图6-9 李矮缩病毒病

彩图6-10 苹果褪绿叶斑病毒病　　　　彩图6-11 樱桃锉叶病毒病

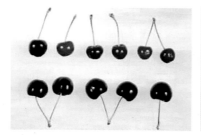

彩图6-12 樱桃小果病毒病

彩图6-13 樱桃卷叶病毒病

彩图6-14 桃一点叶蝉成虫

彩图6-15 桃一点叶蝉叶片为害状

彩图6-16 桃一点叶蝉
枝干为害状

彩图6-17 樱桃瘿瘤头蚜
叶片为害状

彩图6-18 二斑叶螨危害拉网

彩图6-19 山楂叶螨危害叶片

彩图6-20 苹小卷叶蛾幼虫

彩图6-21 红颈天牛成虫

彩图6-22 红颈天牛幼虫

彩图6-23 红颈天牛为害状

彩图6-24 金缘吉丁虫
成虫

彩图6-25 金缘吉丁虫
幼虫

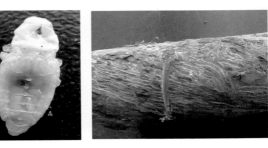

彩图6-26 金缘吉丁虫
蛀道

彩图6-27　金龟子

彩图6-28　金龟子危害嫩芽

彩图6-29　梨小食心虫幼虫

彩图6-30　梨小食心虫危害状

彩图6-31　桑白介壳虫为害状

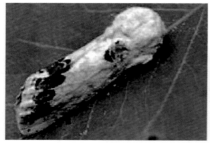

彩图6-32　舟形毛虫成虫

彩图6-33　舟形毛虫幼虫

彩图6-34 黄刺蛾老熟幼虫

彩图6-35 黄刺蛾虫茧

彩图6-36 扁刺蛾幼虫

彩图6-37 美国白蛾成虫

彩图6-38 美国白蛾幼虫危害状

彩图6-39 绿盲蝽成虫

彩图6-40 绿盲蝽为害叶片状

彩图6-41 绿盲蝽为害果实状

彩图6-42 茶翅蝽初孵幼虫和卵壳

彩图6-43 梨冠网蝽若虫

彩图6-44 梨冠网蝽危害叶片状

彩图6-45 果蝇为害状

果树栽培修剪图解丛书

图解

设施樱桃

高产栽培与病虫害防治

● 刘学卿　主编

● 李延菊　李淑平　副主编

化学工业出版社

·北京·

本书根据设施甜樱桃的种植特点和生产管理经验，图文并茂，较详细地介绍了设施樱桃的生产概况、栽培生物学特性、优良品种选择、设施樱桃栽培的定植及建园技术、田间管理技术、病虫害防治及果实采收与包装等内容。

　　本书可供农林院校、农科院所、果树站、基层综合服务站以及涉农企业、合作社中从事果树科研、生产及技术推广服务人员和广大果农参考使用。

图书在版编目（CIP）数据

图解设施樱桃高产栽培与病虫害防治/刘学卿主编. —北京：化学工业出版社，2018.5
（果树栽培修剪图解丛书）
ISBN 978-7-122-31996-8

Ⅰ.①图… Ⅱ.①刘… Ⅲ.①樱桃-果树园艺-图解②樱桃-病虫害防治-图解 Ⅳ.①S662.5-64②S436.629-64

中国版本图书馆 CIP 数据核字（2018）第 077876 号

责任编辑：李　丽　　　　文字编辑：赵爱萍
责任校对：边　涛　　　　装帧设计：韩　飞

出版发行：化学工业出版社
　　　　　（北京市东城区青年湖南街 13 号　邮政编码 100011）
印　　刷：北京京华铭诚工贸有限公司
装　　订：北京瑞隆泰达装订有限公司
850mm×1168mm　1/32　印张 7　彩插 5　字数 104 千字
2018 年 8 月北京第 1 版第 1 次印刷

购书咨询：010-64518888（传真：010-64519686）
售后服务：010-64518899
网　　址：http://www.cip.com.cn
凡购买本书，如有缺损质量问题，本社销售中心负责调换。

定　　价：35.00 元

编写人员名单

主　　编：刘学卿

副 主 编：李延菊　　李淑平

参编人员：孙庆田　　张　序　　田长平　　张焕春

　　　　　　刘学卿　　李延菊　　李淑平

图解设施樱桃高产栽培与病虫害防治

　　果树产业是农业的重要组成部分。搞好果树生产对发展农业经济、保障果品供给、改善人们生活、增加农民收入、出口创汇、绿化荒山、调节气候等方面都具有十分重要的意义。果树生产属园艺范畴，自古以来人们对"三园"（果园、菜园、花园）比较器重，通常对其精耕细作，巧施技艺。随着名优稀特新品种的采用，品种结构的不断优化，设施保护栽培的不断兴起，果树单位土地面积收益也随之大幅度提升，加之果树的大面积推广发挥出了其独到的生态与休闲观光的功能，因此，果树生产在我国的经济建设中具有举足轻重的地位。

　　尽管近些年来我国果树产业呈现高速发展态势，总面积、总产量、年递增率已跃居世界之首，成为果品生产大国，但还存在着许多失衡、失调、失控之处，许多地方存在技术管理落后与盲目发展果树的"果树热"之间的突出矛盾，制约着我国果树生产的持续发展。在果树发展爆发性热潮中，由于果园投入严重不足、管理跟不上、技术人才匮乏等问题，存在建园质量差、栽培技术体系不健全、适龄果园不投产、单位面积产量低、果品质量差等不足。

为了服务果树生产，并对其提供科学技术指导，我们根据实践经验，结合大量文献资料编写了一套12个分册的《果树栽培修剪图解丛书》：《图解设施葡萄高产栽培修剪与病虫害防治》《图解设施草莓高产栽培与病虫害防治》《苹果高产栽培整形与修剪图解》《图解梨高产栽培与病虫害防治》《柑橘高产优质栽培与病虫害防治图解》《石榴高产栽培整形与修剪图解》《蓝莓高产栽培整形与修剪图解》《猕猴桃高产栽培整形与修剪图解》《图解桃杏李高产栽培与病虫害防治》《核桃板栗高产栽培整形与修剪图解》《图解设施樱桃高产栽培与病虫害防治》和《图解设施西瓜高产栽培与病虫害防治》，该丛书以现代生物科学理论为基础，结合果树生长发育规律及果树栽培基本理论，并根据不同地区果树生物学特性以及作者多年在果树高产优质栽培中积累的经验和最新研究成果，通过图谱直观地讲解果树树体管理、果实管理、设施栽培、土肥水管理、病虫害防治、整形修剪等高效栽培的实用技术，并利用最新研究成果解释了实用技术的可靠性和科学性。该丛书不仅能给科技工作者提供参考，也能为果农提供新的高产栽培实用技术，从而为果树生产提供科技支撑，是一套实用性很强的果树高产优质栽培技术用书。

编委会
2016 年 8 月

前言
FORWORD

甜樱桃是落叶果树中成熟最早的树种之一，其果实外观艳丽、营养丰富，享有"春果第一枝"的美誉，深受消费者喜爱。设施栽培是利用温室、塑料大棚或其他设施，通过人为调控果树生长发育的环境因子进行以促早、延迟、避雨等为目的的一种特殊生产栽培形式。随着生活水平的提高，人们对甜樱桃的需求量不断增加，越来越想尽早吃到鲜美的甜樱桃。目前甜樱桃设施栽培主要是利用日光温室或者塑料大棚等设施，通过调节设施内的温度、光照、水分等环境条件，达到早开花，早结果，尽早抢占市场，获得高效益的目的。

近年来甜樱桃设施栽培成为了一种新兴的樱桃种植形式，在世界各地迅速发展。保护地栽培甜樱桃不仅提早其成熟期，同时还避免了露地栽培中经常遇到的花期低温、阴雨、大风等不良天气造成的授粉不良及采前降雨引起的裂果等问题，加之上市时间早，果品价格较露地栽培高几倍甚至十几倍，显著提高了经济效益，具有广阔的发展前景。

甜樱桃设施栽培虽然产业效益显著，但是一次性投资较大，栽培管理技术要求也非常精细，需要栽培者熟练、正确地掌握各个环节的各项技能。本书立足生产实践中积累的经验，在编写中参阅了大量文献资料，通过大量实地拍摄的照片，以文字图示相结合的形式介绍设施樱桃高产栽培与病虫害防治技术，以期为设施樱桃种植者提供指导和借鉴，由于编者水平有限，书中疏漏之处，恳请广大读者朋友批评指正！

编者
2018 年 3 月

目 录
CONTENTS

第一章

设施樱桃生产概述

一、樱桃设施栽培的意义

甜樱桃是落叶果树中成熟最早的树种之一，其果实外观艳丽、营养丰富，享有"春果第一枝"的美誉，深受消费者喜爱。设施栽培是利用温室、塑料大棚或其他设施，通过人为调控果树生长发育的环境因子进行以促早、延迟、避雨等为目的的一种特殊生产栽培形式，或者说是一种人类强烈干预自然生态环境的保护地农业生产，通过对一些果树的原生态环境施加某种人工保护措施，以创造一个适宜的果树生长发育生态条件，于不适季节或不利的环境条件下所从事的一种现代果树保护地栽培。由于设施栽培具有可调控鲜果供应期、扩大适栽范围、见效快、收益高等特点，同时在设施栽培条件下，有效解决了甜樱桃树体抗寒能力差的问题，使甜樱桃能够安全越冬，可避免冻害引起生理干旱的抽条现象，近年来樱桃设施栽培成为了一种新兴的樱桃种植形式，在世界各地迅速发展。保护地栽培甜樱桃不仅使其成熟期提早，同时还避免了露地栽培中经常遇到的花期低温、阴雨、大风等不良天气造成的授粉不良及采前降雨引起的裂果等问题，加之上市时间早，果品价格较露地栽培高几倍甚至十几倍，显著提高了经济效益，具有广阔的发展前景。

二、樱桃设施栽培的生产现状和发展趋势

(一) 樱桃设施栽培的生产现状

近年来，随着人们生活水平的提高，对甜樱桃的需求量越来越大，使反季生产效益突出，3～4 月，甜樱桃的平均出园价达到 160.00 元/kg 以上，每 $667m^2$ 效益在 5 万～10 万元，甚至更高，成为设施栽培效益最高的树种。受利益驱动，山东、辽宁等地掀起了樱桃设施栽培的热潮。随着发展面积的不断扩大，影响产量、质量的问题日益凸显出来。从樱桃发展历史来看，世界甜樱桃的设施栽培研究始于 20 世纪 70 年代，日本设施栽培面积已占总面积的 25%；中国甜樱桃设施栽培始于 20 世纪 90 年代，先是山东省烟台地区，之后辽宁省、河北省等地相继发展。近年来，随着设施栽培技术研究的不断深入，甜樱桃设施栽培发展迅速。目前，中国甜樱桃设施栽培面积约 $3333.3hm^2$（$1hm^2 = 10^4 m^2$），辽宁省和山东省分别约 $700hm^2$、$2000hm^2$，其他省市 $300hm^2$。已成为甜樱桃设施栽培的主产区，约占全国樱桃栽培总面积的 2.5%，山东省主要以塑料大棚为主，辽宁及以北地区主要以温室为主。主要分布在辽宁省大连瓦房店、

普兰店和山东省潍坊、烟台、青岛等地。

在我国，樱桃（*Cerasus avium* L.）设施栽培是一项新兴产业，果实比露地提早 1~2 个月，产值比露地高 10~20 倍，具有较高的经济回报率。其中，温度管理是设施栽培中的关键因素，决定着甜樱桃设施栽培的物候期变化，从而也决定着栽培生产的成功与否。在我国生产中主要采用简易塑料大棚和日光温室。其中，简易塑料大棚结构简单，易于搭建，而日光温室结构较为复杂、耐用性好、成本较高。避雨设施的应用可以有效阻止雨水打湿果面，结合地膜覆盖、渗灌、小沟快流等措施调节土壤水分，不但能减少裂果，还具有减轻病虫害、提高果实品质等优点，尤其是甜樱桃在成熟季节采用避雨栽培措施，防止裂果效果显著。

（二）樱桃设施栽培的发展趋势

1. 品种

现今甜樱桃设施栽培的品种基本上在原来的品种间选择，因此培育或筛选适合设施栽培的新品种是今后的主要研究内容之一。今后新发展的品种选择原则是：需冷量低、早熟、品质优、季节差价大；通过设施栽培可提高品质、增加产量以及适应栽培等。

2. 设施类型

今后甜樱桃设施栽培向两个方向发展：一是高度自控温室和塑料日光温室；二是高度自控塑料大棚。日光温室、塑料大棚是设施栽培的主要形式。其环境调节与管理技术已远远超过常规栽培。设施功能与环境调节作为设施栽培研究的两个主要方面，其中设施节能技术是国内外关注的焦点。节能技术的研究和应用目前主要有以下几个方面。

①设置保温幕帘：棚内设置 1～2 层保温幕帘，达到保温节能。②采用变温管理，提高自动化控制水平。③利用天然气候资源及地形，合理栽植密度，因地制宜配置树种与品种。④利用太阳能集存太阳辐射热量。⑤地热水及地下水的开发。⑥符合环境控制技术。⑦热泵的开发研究：高效的潜热和储热新技术。热泵通过其冷煤的汽化与液化而实现对环境制冷、加热和除湿，其节能成绩系数远远超过迄今所知的节能设备。

3. 栽培方式

随着设施栽培技术的进一步发展，避雨栽培面积将会扩大，从而形成促成栽培、常规露地栽培和避雨栽培协调发展的新局面。

4. 综合管理技术

设施栽培创造了树体生长的特殊小区环境，对甜樱桃的生长发育产生全面影响。因此树体综合管理技术区别于常规露地栽培。由于对设施条件下甜樱桃生长发育模式及生理基础的研究较少，优质高效设施栽培技术多使用露地自然栽培的管理技术。随着生产的发展，须研究总结与设施栽培相适应的配套技术。

（1）环境因素调控　研究适合不同品种和不同生长发育时期的光照、温度、湿度、气体成分的参数和调控技术。

（2）整形修剪　由于设施减弱了光照，整形修剪方式以改善光照状况为基本原则，使群体的枝叶量小于露地栽培。因此，要研究设施栽培独特的整形修剪。

（3）土肥水管理　多年或几年设施栽培后，土壤盐泽化是共同的问题。因此加强土壤管理尤其是增施有机肥应成为设施栽培中土壤管理的重点。由于设施内肥料自然流失少，追肥效率高，因此追肥量比露地减少。保护栽培促进早期萌芽、开花与新梢生长，采果后树体易返旺徒长，影响花芽分化质量，应严格掌握施肥时期与数量。同时应适当减少灌水量与次数，一般仅在扣棚前后、果实膨大期浇水保墒。今后应研究制定土肥水管理的技术标准。

5. 发展模式

设施栽培减轻或隔绝了病虫传播途径，可相应减少喷药次数与数量，为生产无公害绿色果品开辟了新途径，成为生态农业建设的重要组成部分。甜樱桃设施的发展，要坚持规模化和产业化发展途径，在选准品种之后，实行适度规模发展，同时完善产后处理体系及销售配套体系，使产前、产中、产后有效衔接，实现贸工农一体化、产供销一条龙的生产经营格局。

第二章

樱桃的栽培生物学特性

一、生长发育周期

甜樱桃生长发育周期分为生命周期和年发育周期。

（一）生命周期

甜樱桃从定植到衰亡，一生中大体经历幼龄期、初果期、盛果期、衰老期四个时期。

1. 幼龄期

幼龄期一般是指从苗木定植到开花结果这段时期。甜樱桃幼龄期生长的特点是生长旺盛，加长加粗生长活跃，年生长量可超过 1m，一年生枝径粗可超过 1.5cm，分枝较少。树体中营养物质的积累迟，大部分营养物质用于器官的建造，不利于花芽形成和结果，即使形成丛状短枝也不成花。幼龄期一定要给予高水平的肥水管理，使植株尽快建成骨架，为早结果打下基础。幼龄期的长短与砧木、品种、立地条件和管理措施有关，甜樱桃幼龄期一般为 4～5 年，为适当缩短幼龄期，促进提早结果，可用夏季多次摘心技术，促使多发枝，增加枝叶量，再辅以拉枝、扭梢等措施，可缩短至 2～3 年。

2. 初果期

初果期是从植株开始结果到大量结果前的一段时期。随着树龄的增长，树冠、根系不断扩大，枝量、根量成倍增长，枝的级次增高，生长开始出现分化。部分外围强枝继续旺长，中下部枝条提前停长、分化。长枝减少，中短枝及丛状枝量增加，年内营养生长期相对缩短，营养物质提前积累，内源激素也随之变化，中短枝基部和丛状枝的侧芽分化花芽。初果期结果部位，主要是大的骨干枝中、前部2～3年生部位发出的枝组，中长果枝的比例较高。之后，从这一部位向梢部和基部逐次增加结果枝组的数量，当骨干枝全长的2/3开始挂果时，即进入盛果期。这一时期，在继续培养骨架、扩大树冠的同时，应注意控制树高，抑制树势，促使及早转入盛果期。可采用夏季扭梢，多次摘心，拧、拉过旺枝等措施来控制树势。措施得当，5～7年便可进入盛果期。

3. 盛果期

盛果期树冠和根系扩展达到最大，生长和结果趋于平衡，产量较高且较稳定。发育枝的年生长量为30～50cm，干周继续增长，结果布满树冠。骨干枝数目稳定，延长生长逐渐减少，分支减少，各级骨干枝延长头转化为结果枝。盛果期树年生长发育节奏明显，营养生长、果实发育和花芽分化关系协调。通过栽培措施，可维持、延长盛果年限。修剪注意改善光照，防止内膛枝枯死及结果部位外移。深翻改土，增施有机肥料，增强根系的活力，防止根系衰老。

4. 衰老期

随着树龄增长，枝条生长衰弱，根系萎缩，冠内、冠下部枝条枯死，产量和品质下降。甜樱桃盛果期一般 20 年左右，40 年以后便明显衰老。在精细栽培、适时更新、无自然灾害情况下，甜樱桃寿命可长达 80～100 年。

(二) 年发育周期

甜樱桃的年发育周期是指在一年中的生长、发育过程，随一年中气候条件的变化，主要有生长期和休眠期两个阶段。春季随气温上升，甜樱桃根系首先开始活动（烟台 3 月下旬，泰安 3 月上旬），然后地上部出现萌芽期、开花期、展叶期、新梢生长期、果实发育期、花芽分化期和落叶期七个时期。一年中，从萌芽、开花、抽枝、展叶、生根、结果到落叶都属于生长期，从落叶至再度萌芽这段时间称为休眠期。不同生长发育时期，树体有不同的生长中心和生长特点，对环境条件和栽培措施亦有不同的要求。满足不同时期的要求，才能达到壮树、高产、优质的目的。

　　甜樱桃在 11 月中下旬初霜后开始落叶，进入休眠期。幼旺树及不成熟枝条落叶较晚。管理不当或受病虫害危害时会早期落叶。早期落叶对充实花芽、树体越冬及第二年产量不利。落叶后进入休眠期。树体进入自然休眠以后，需要一定的低温量才能解除休眠。

二、树体特性

　　甜樱桃属落叶乔木，树势健壮，生长强旺，层次明显，枝条多直立生长，树冠呈自然圆头形或半圆形。在原产地树高可达 30m 以上，树干直径达 60cm，在山东烟台和辽宁大连树高可达 7m，冠径 5m 以上。目前，生产性果园通过采取矮化密植整形修剪措施，一般将树高控制在 3m 以下，冠幅 4m，以便于栽培管理和采摘。甜樱桃的生长势和树高与立地条件的土壤状况、肥水管理水平以及其他的管理措施密切相关。甜樱桃树体由根、茎、叶、花、果等不同器官组成。每一个器官都有自己独持生长发育特性和独特的形态结构。

（一）根的生长发育

甜樱桃的根系分为主根、侧根和须根三部分，主根不发达，侧根和须根较多。根系因砧木种类、繁殖方式、土壤类型的不同而有差异。

目前生产上常用的甜樱桃砧木主要有中国樱桃、酸樱桃、考特、马扎德、马哈利、吉塞拉等种类。中国樱桃为砧木时，须根发达，但根系分布浅，固地性差，不抗风，易倒伏。相比而言，马哈利砧木的根系较发达，主根长达 4～5m，其根系主要分布在 20～80cm 深的土层里；酸樱桃的主根长达 2～3m，侧根长达 4～5m，主要分布在 5～30cm 深的土层里。以山樱桃为砧木时，根系发达，固地性强，较抗风害，欧洲酸樱桃和山樱桃实生苗根系比较发达，可发育 3～5 条粗壮的侧根。

砧木的不同繁殖方法，造成根系生长发育的差异很大。一般来说，实生砧木形成的骨干根、垂直根较发达，根系分布层较深，固定性较好，但个体间往往差异较大，易造成树体大小不一，中国樱桃的实生苗，在种子萌发后有明显的主根，但当幼苗长到 5～10 枚真叶时，主根发育减弱，由 2～3 条发育较粗的侧根代替，因此，中国樱桃实生苗无明显主根，须根发达，水平伸展范围广，根系一般集中分布在 5～35cm 土层内，以 20～35cm 土层最多；扦插、分株和压条三种无性繁殖苗木的根系由茎上产生的不定根发育而成，垂直根不发达，根系在土壤中的分布层较浅，固定性较差；水平根发育强健，须根量较大，其根量比实生苗大，分布范围广，且有两层以上根系，分株繁殖的酸樱桃根系一般在 20～50cm 土层内。

土壤类型和管理水平对根系的生长也有明显的影响，沙壤土透气性好，土层深厚，管理水平高时，樱桃根量大，分布广；而土壤黏重，透气性差，土壤瘠薄，管理水平差，则根系不发达，进而影响地上部分的生长与结果。据调查，以中国樱桃为砧木，20 年生的大紫品种，在良好的土壤和管理条件下，其根系主要分布在 30～60cm 的土层内，与土壤和管理条件较差的同龄树相比，根系数量几乎增加一倍。

（二）芽的类型和花芽分化

按抽枝展叶或开花结果的状况划分，甜樱桃的芽分为花芽和叶芽。顶芽都是叶芽，侧芽有的是叶芽，有的是花芽，因树龄和枝条的生长势不同而异。幼树或旺树上的侧芽多为叶芽，成龄树和生长中庸或偏弱枝上的侧芽多为花芽。一般中短枝下部 5～10 个侧芽多为花芽，上部侧芽多为叶芽。花芽肥圆，呈尖卵圆形；叶芽瘦长，呈尖圆锥形。花芽是纯花芽，每花芽开 1～5 朵花，多数为 2～3 朵。甜樱桃的侧芽都是单芽，短截修剪时，剪口必须留在叶芽上。剪口留花芽，果实发育及品质较差，结果后形成干桩。

潜伏芽也叫隐芽，是侧芽的一种，是由副芽或牙鳞、过渡叶叶腋中的瘦芽发育而来。潜伏芽的寿命较长，20～30年生的大树，当主干或大枝受损或受到刺激时，潜伏芽可萌发形成新枝条。春季刚定植的苗木定干后，上部的主芽被碰掉后，副芽（隐芽）可萌发抽枝。

甜樱桃萌芽力较强。一年生枝上的芽，除基部几个发育程度较差外几乎全部萌芽，易形成一串短枝，是结果的基础。甜樱桃成枝力较弱。甜樱桃剪口下一般抽生3～5个中长发育枝，其余为短枝或叶丛枝，基部极少数芽不萌发而变成潜伏芽（隐芽）。甜樱桃萌芽力和成枝力在不同品种和不同年龄时期也有差异。那翁、雷尼、宾库等品种萌芽力较强，但成枝力较低。幼龄期萌芽力和成枝力较强，进入结果期后逐渐减弱；盛果期后的老树，往往抽不出中长发育枝。甜樱桃新梢于10～15cm时摘心，可抽生1～2个中短枝（基部几个芽眼易形成腋花芽）。在营养条件较好时，叶丛枝当年可以形成花芽。可以通过夏季摘心控制树冠，调整枝类组成，培养结果枝组。

甜樱桃花芽分化包括生理分化期和形态分化期两个阶段。甜樱桃花芽分化的特点：一是分化时间早；

二是分化时期集中；三是分化速度快。甜樱桃花芽分化一般在 6 月下旬至 7 月上中旬。生理分化期大致在硬核期，花束状果枝和短果枝上的花芽就开始分化。此时，从外观上看，这两类枝的侧芽均明显膨大，新生鳞片色白，芽体饱满圆整。果实采收后，中长果枝的侧芽开始花芽分化，整个分化期需 40～50 天，一直持续到 7 月中旬。分化时期的早晚，与果枝类型、树龄、品种等有关。花束状果枝和短果枝比长果枝早，成龄树比幼树早，早熟品种比晚熟品种早。据此特点，要求采后及时施肥浇水，增强根系活力，促进叶光合功能，为花芽分化提供物质保证。忽视采后管理，则减少花芽的数量，降低花芽的质量，增加雌蕊败育花的比例。

（三）枝条类型和特性

甜樱桃枝条分为营养枝和结果枝两类。营养枝着生大量的叶芽，没有花芽。结果枝主要是着生花芽，也着生少量叶芽。营养枝形成树冠骨架和增加结果枝的数量，其中前部的芽抽枝展叶，扩大树冠，中后部的芽则抽生短枝和形成结果枝，结果枝的顶芽既可以连续抽生结果枝，也可萌发生长为营养枝。不同年龄时期，营养枝和结果枝的比例不同，幼树营养枝占优势；进入盛果期后，营养生长减弱，开花结果多，生长量减少，生长势减缓，往往有叶芽、花芽并存现象。结果枝按长短和特点分为混合枝、长果枝、中果枝、短果枝和花束状果枝五类。

1. 混合枝

长 20cm 以上，仅枝条基部的 3～5 个侧芽为花芽，其他为叶芽，具有开花结果和扩大树冠的双重功能。但花芽质量一般较差，坐果率低，果实成熟晚，品质差。

2. 长果枝

一般长 15～30cm，除顶芽及邻近几个侧芽为叶芽外，其余均为花芽。结果后中下部光秃，只有上部叶芽继续抽生果枝。长果枝在初果期树上比例较大；盛果期以后，长果枝的比例减少，长果枝的顶芽继续延伸，可抽生长果枝、中果枝，附近的几个侧芽易抽生中、短枝；雷尼、那翁、宾库等品种的长果枝比例较低。

3. 中果枝

长 5～15cm，顶芽为叶芽，侧芽均为花芽。中果枝一般着生在两年生枝的中上部，数量较少，不是甜樱桃的主要结果枝类。

4. 短果枝

长 5cm 左右，顶芽为叶芽，侧芽均为花芽。短果枝一般着生在两年生枝的中下部，数量较多，花芽质量高，坐果能力强，果实品质好，是甜樱桃结果的重要枝类。

5. 花束状果枝

很短，长度在 1～1.5cm，年生长量很小，顶芽为叶芽，侧芽均为花芽。节间极短，花芽密集簇生，是甜樱桃盛果期最主要的结果枝类，花芽质量好，坐果率高。花束状果枝一般可连续结果 7～10 年以上。在管理水平较高、树体发育较好的情况下，连续结果年限可维持 20 年以上。但管理不当、上强下弱或枝条密集、通风透光不良时，内膛及树冠下部的花束状果枝容易枯死，致使结果部位外移。

几类果枝的比例因树种、品种、树龄、树势而不同。初果期和强旺树中长果枝比例较大，盛果期以后及树势偏弱时短果枝和花束状果枝比例大。随着管理水平和栽培措施的改变，甜樱桃各类果枝之间可以互相转化。那翁、宾库、雷尼等甜樱桃品种以花束状果枝和短果枝结果为主；而大紫、红蜜等以中短果枝结果为主。

新梢生长特点：甜樱桃新梢生长期较短，芽萌发后即有一短促的生长期，长成 6～7 片叶、6～8cm 长的叶簇新梢。花期新梢生长缓慢，甚至停长。谢花后，与果实第一次速长同时进入速长期；果实进入硬核期，新梢生长转缓。硬核期后果实发育进入第二次速长期，新梢生长缓慢，或停顿不长。采收后，新梢有 10 天左右的速长期，以后停止生长。幼树新梢的生长较为旺盛，第一次生长期时间较长，进入雨季有第二次甚至第三次生长。

（四）叶片的特点及发育特性

甜樱桃的叶片为长椭圆形、长圆形、卵圆形等，浓绿有光泽。叶基腺体大而明显，色泽常与果实色泽相关。甜樱桃叶片较大，纵径多数在 14cm 左右，最长可达 20cm 以上，横径 7～8cm。甜樱桃叶片也比较密集，远看呈"鸡毛掸子"状，极易分辨。

叶片从伸出芽外至展至最大约需 7 天的时间。叶片展到最大以后功能并未达到最强，此时从叶片外观上看比较柔嫩、叶薄，色嫩绿至浅绿，叶肉结构尚不完善，叶绿素含量低。再经过 5～7 天，叶片内部结构进一步完善，叶绿素含量增加，叶表的角质层和蜡质层也发育完善，此时叶片从外观上看颜色变深绿而富有光泽，较厚，有弹性，功能达到最强，称为"亮叶期"或"转色期"。至落叶前，若无病虫为害，叶片的功能可在数月时间里保持较高的稳定水平，利于植株的光合养分积累。新梢先端 1～3 片叶转色进程快慢和转色水平高低是植株体内养分供应水平的直接反映，是衡量土肥水管理水平高低的指标之一。新梢先端1～3片叶转色快、叶厚而亮、弹性好，说明植株养分供应充足而均衡。若转色过快而叶色过于深绿，叶小而硬脆，缺乏弹性，往往是氮素缺乏的表现；相反，若新梢先端1～3片叶转色进程较缓慢，叶大色浅，薄而软，无弹性，则往往是氮肥过多、植株碳素营养水平低下的表现，这样的树往往不易形成花芽，植株旺长，产量低。

甜樱桃园群体叶面积的增长是随各类枝条的生长而进行的，每一类枝停长时均有一次叶面积稳定建成时期。甜樱桃丰产园的叶面积指数在2～2.6为宜。叶面积指数过高，通风透光条件差，树冠内膛和下部出现"寄生叶"，小枝易枯死，造成内膛光秃。叶面积指数过低，果园群体光合面积不够，难以获得高产。

甜樱桃落叶在霜打后进行，生长中庸健壮的树上的叶，尤其中短枝和叶丛枝上的叶经1～2次霜后，可以正常脱落，养分回流，而强旺树和强旺枝上的叶，经几次霜后亦不能正常脱落，往往冻干在枝上，风吹方可脱落，有时是风吹断叶柄、叶片脱落而叶柄尚附着在枝上，深冬至冬末春初方脱落，这样的叶片养分回流不充分，这类枝易发生越冬抽条。

(五) 开花及坐果

甜樱桃每个花芽发育成 1 个花序，每个花序可有 1～5 朵花，花一般有 4 种类型：雌蕊高于雄蕊、雌蕊雄蕊等长、雌蕊低于雄蕊、缺少雌蕊，前两种可以正常坐果，后两种不能坐果，为无效花。

甜樱桃对温度反应较为敏感。春季日平均气温 10℃左右时，花芽开始萌动（烟台 3 月底至 4 月初，泰安 3 月中下旬）。日平均温度 15℃左右始花（烟台 4 月中旬至 4 月下旬初，泰安 3 月底至 4 月初），花期 7～14 天，长时达 20 天，品种间相差 5～7 天。由于甜樱桃花期早，常遇晚霜的危害，严重年份可造成绝产，花期要注意采取防霜冻措施。

甜樱桃的花在夜间至凌晨开放，开后 2～4 天柱头黏性最强，为最佳授粉时期。甜樱桃的大部分品种自花不实。单栽一个品种或混栽几个不亲和的品种，往往只开花不结实。建立甜樱桃园，要特别注意搭配授粉品种，并进行花期放蜂或人工授粉。甜樱桃的花粉落到柱头上以后 2～3 天，花粉管就能进入花柱，再经 2～4 天花粉管就到达胚珠，然后将从珠孔经过珠心进入胚囊，完成受精。4℃以下的低温严重影响受精过程，导致不能坐果。

甜樱桃落花一般有 2 次，第一次在花后 2～3 天，脱落的是发育畸形、先天不足的花。这次落花与植株营养水平密切相关，凡是栽培管理水平高，植株营养储备充足，落花就轻。第二次在花后 1 周左右，脱落的主要原因是花未能受精。花期天气条件恶劣，刮风、下雨、有雾、低温或没有授粉树的情况下，此次落花较重。

（六）果实发育

甜樱桃果实生育期较短，一般在 30～80 天。甜樱桃果实发育分为三个阶段。第一阶段从坐果到硬核前，为果实的第一速长期，时间为 10～15 天，果柄纤维管发育完善，子房细胞分裂旺盛，果实迅速膨大，果核增长至果实成熟时的大小，呈白色，未木质化，胚乳发育迅速，成液态胶冻状；第二阶段为硬核期，果实纵横径增长不明显，果色深绿，果核由白色逐渐木质化为褐色并硬化，胚乳逐渐被胚的发育吸收消耗，此期需保证平稳的水肥供应，干旱、水涝均易引起大量落果；第三阶段自硬核后到果实成熟，果实的第二次速长期，果实细胞迅速膨大并开始着色，直至成熟。果实完全着色成熟后，不同品种在树上的挂果时间有较大差异。硬肉的早大果、胜利、友谊等可以挂果 2 周以上，果实不软烂，遇雨很少裂果。而软肉品种则不具备这个特点。

　　同一地区同一品种成熟期比较一致，成熟后要及时采收，防止裂果。成熟期的果实遇雨容易裂果腐烂，要注意调节土壤含水量，防止干湿变化剧烈。

　　甜樱桃落果一般有 2 次，第一次在花后 2 周左右，此次脱落的主要原因是受精不良或胚早期发育不良的结果，脱落的幼果没有胚，只有一层干缩成片的种皮。第二次在硬核期后，主要是营养竞争所致，此次脱落的幼果果壳硬化程度较高，胚发育正常。此时期因没有及时控制营养生长，使幼果在水分、养分竞争上处于劣势地位。2 次落果有时同时进行，不易严格区分。

第三章

樱桃优良品种选择

一、优良品种选择

进行设施栽培，第一要求品种的果实经济性状优良，品质好，选择早熟、丰产、果个大、果色艳丽、果肉硬、耐储运、含糖量高、抗裂果的品种作为主栽品种。第二促早栽培要求品种需冷量低，果实发育期短，成熟早；延迟栽培要求果实发育期长，成熟晚。第三，选择花粉多、与主栽品种授粉亲和力好、需冷量相近的甜樱桃品种，作为授粉品种。第四，选择抗寒、矮化、抗根癌病、嫁接亲和性好的樱桃砧木。

二、品种

1. 美早（Tieton）

原名 Tieton，美国华盛顿州立大学普罗斯（Prosser）灌溉农业研究中心杂交育成，育种编号 PC71-44-6，亲本为斯太拉（Stella）×早布莱特（Early Burlat），1971 年杂交，1977 年选出，1998 年定名推出，基因型为 S_3S_9。国内 1988 年引入，2006 年通过山东省林木品种审定委员会审定。是目前全国各地发展较快的早中熟、大果型、紫红色、异花授粉优良品种。

　　果实（图 3-1，彩图）圆至短心脏形，顶端稍平，脐点大；果实大型，平均单果重 11.6g，大者可达 18g；果皮红至紫红色，有光泽；果肉淡黄色，肉质硬脆，肥厚多汁，风味中上；可溶性固形物 17.6%；果核圆形、中大，果实可食率达 92.3%；果柄粗短。果实红色时，可食，但果实风味稍差，紫红色时才能充分体现出该品种的固有特性。果实发育期 50d 左右，在烟台 6 月上中旬成熟。树势强旺，生长势类似红灯，萌芽力、成枝力均强，进入结果期较晚，幼树以短果枝和花束状果枝结果为主。成龄树冠大，半开张，以枝组结果为主。自花结实率低，需配置授粉树，适宜的授粉品种有萨米脱、先锋、拉宾斯等。

图 3-1　美早

栽培习性：粗壮的一年生长条甩放，当年不容易形成叶丛花枝；细弱枝甩放，易形成一窜叶丛花枝。丰产性中等，树势中庸偏弱时，结果多。果实转白期至成熟前遇雨，容易裂果，可搭建避雨设施防控。该品种树势较强，采用半矮化砧木（吉塞拉6号），利于控制树势，提早结果，实现高产。

2. 福晨

烟台市农科院果树研究所杂交育种选出的极早熟、大果型、红色、异花结实优良品种，2003年杂交，亲本为萨米脱×红灯，基因型为 S_1S_9。2013年通过山东省农作物品种审定委员会审定。

果实鲜红色，心脏形（图3-2，彩图），缝合线平，果顶前部较平，果肉淡红色，硬脆；平均单果重

图 3-2　福晨

9.7g，大者 12.5g。果实纵径 2.41cm，果实横径 2.95cm，侧径 2.49cm，果柄长 3.72cm。可溶性固形物含量 18.7%，可食率 93.2%。烟台地区 5 月 22～25 日成熟，成熟期同小樱桃。是已知同期成熟的甜樱桃中单果重最大的品种。

树势中庸，树姿开张，具有良好的早果性，当年生枝条基部易形成腋花芽，苗木定植后第 2 年开花株率高达 72%，第 3 年开花株率 100%。幼树腋花芽结果比例高。成年树 1 年生枝条甩放后，易形成大量的短果枝和花束状果枝。异花结实，可以用美早、早生凡、早丰王、红灯、斯帕克里、桑提娜作为授粉树。与瓦列里、友谊、奇好和早大果的 S 基因型一致，不能相互用作授粉树。

3. 布鲁克斯（Brooks）

原名 Brooks，美国加州大学戴维斯分校用雷尼（Rainier）和布莱特（Burlat）杂交育成的早熟品种，1988 年推出，基因型为 S_1S_9。山东省果树研究所 1994 年引进，2007 年通过山东省林木品种审定委员会审定。是目前生产中主推的品种之一，早熟、红色、脆甜型、异花授粉优良品种。

果实中大，平均单果重 9.5g，最大 12.9g；果扁圆形，果顶平，稍凹陷；果柄粗短，柄长 3.1cm；果

实红色至暗红色（图 3-3，彩图），底色淡黄，有光
泽，多在果面亮红色时采收；果肉紧实，脆硬，甘
甜，糖酸比是宾库的 2 倍；果核小，可食率 96.1％。
果实发育期 45d 左右，泰安地区 5 月中旬成熟，在烟
台，成熟期介于红灯和美早之间。树体长势强，树冠
扩大快，树姿较开张。新梢黄红色，枝条粗壮，1 年
生枝黄灰色，多年生枝黄褐色，叶片披针形，大而
厚，深绿色。花冠为蔷薇形，纯白色，花器发育健
全，花瓣大而厚。需冷量低，为 680h。

图 3-3　布鲁克斯

栽培习性：果实发育中后期遇雨，容易引起裂
果，保持土壤湿润是关键，防止土壤忽干忽湿；秋末

断根；搭建避雨设施。适期采收，采收过晚时，虽然果个较大，但风味变淡。适于保护地栽培。可在南方低温量不足的地域栽培。

4. 红灯

大连市农业科学研究院 1963 年杂交育成，1973年定名，基因型为 S_3S_9。20 世纪 80 年代初，烟台最早大批量繁育推广，是目前我国广泛栽培的早熟、大果型、红色、异花授粉优良品种。

平均单果重 9.2g，大者 12g；果实肾脏形，果柄粗短（图 3-4，彩图），果皮红色至暗红色，富有光泽；果肉肥厚、多汁，较软，酸甜适口；果核圆形，中等大小；可食率 92.9%；果实发育期 40～45d，烟台 5 月底 6 月上旬成熟。树势强健，生长旺盛，幼树

图 3-4 红灯

直立性强，1～2年生枝直立粗壮，生长迅速，容易徒长，进入结果期较晚，初果年限较长，中长果枝较多。盛果期后，短果枝、花束状和莲座状果枝增多，树冠逐渐半开张，果枝连续结果能力强。叶片大，椭圆形，较宽，叶面平展，深绿色，有光泽，叶柄基部有2～3个紫红或紫色长肾形大蜜腺，叶片在枝条上呈下垂状着生；花芽大而饱满；萌芽力高，成枝力强，外围新梢中短截后，平均发长枝5.4个。

栽培习性：粗壮的一年生长条甩放，当年不容易形成叶丛花枝；细弱枝甩放，易形成一簇叶丛花枝。因此，生产中应对粗旺的一年生枝留2～4芽极重短截，重新培养细弱枝，再甩放，促花。树势中庸偏弱时，较丰产；树势太弱时，虽结果多，但果个小。红灯是树势较强的品种之一，采用半矮化砧木（吉塞拉6号），利于控制树势，提早结果。花芽分化期遇高温，容易形成双柱头花芽，来年出现畸形果。该品种由于栽培历史久，病毒病感染较多，表现叶片狭长、不平展，叶脉两侧不对称，产量低，果个小等，生产中应及早淘汰病毒树，育苗时，采集健壮树枝条。

5. 早生凡（Early Compact Van）

1989年烟台市芝罘区农林局从加拿大引入烟台。果实肾形（图3-5，彩图），性状同先锋。果实中大，

图 3-5 早生凡

单果重 8.2～9.3g，树体挂果多时，果个偏小。果皮鲜红色至深红色，光亮、鲜艳，果肉硬，果肉、果汁粉红色，可溶性固形物含量 17.1%。缝合线深红色、色淡，不很明显。果柄短，比红灯略长，果柄长 2.7cm。果核圆形，中大，抗裂果，无畸形果。在烟台，5 月下旬成熟，果实紫红色。成熟期集中，1～2 次即可采完。树姿半开张，属短枝紧凑型。树势比红灯弱，枝条极易成花，当年生枝条基部易形成腋花芽，一年生枝条甩放后易形成一串花束状果枝。具有良好的早果性和丰产性。花期耐霜冻。由于早生凡丰产性好，须加强肥水管理，维持中庸偏旺树势。通过修剪每 667m² 产量控制在 1000kg 以上，以保持单果重 8.5g。

6. 早大果

原引种编号‘乌克兰2号’。

山东省果树研究所1997年从乌克兰购买引进的专利品种，2007年通过了山东省农业品种审定委员会的审定，2012年通过国家林业局审定。已成为主栽早熟品种之一。

主要经济性状：果实近圆形，大而整齐，单果重8.0～12.0g，果皮深红色（图3-6，彩图），充分成熟紫黑色，鲜亮有光泽；果肉较硬，果汁红色，可溶性固形物含量16.1%～17.6%，风味浓，品质佳；果核大、圆形、半离核；果柄中等长度。果实成熟期一致，比红灯早熟3～5d；在泰安地区5月中旬成

图3-6　早大果

熟，果实发育期 35～42d。较丰产。

树体生长势中庸，树姿开张，枝条分枝角度较大；一年生枝条黄绿色，较细软；结果枝以花束状果枝和长果枝为主，花芽中大、饱满，每结果枝花芽数量 2～7 个，多数为 3～5 个。早实丰产性强，一般定植 3～4 年结果。授粉品种以红灯、布鲁克斯、拉宾斯、先锋、萨米脱等较好。

7. 明珠

大连市农业科学院育成，从'那翁'和'早丰'杂交后代优良株系 10～58 的自然实生后代选出，2009 年通过辽宁省非主要农作物品种审定委员会审定并命名。早熟、大果、鲜食品质优良是其突出特点。

主要经济性状：果实宽心脏形（图 3-7，彩图），平均果重 12.3g，最大果重 14.5g；果实底色稍呈浅黄，阳面呈鲜红色，有光泽。果柄长度 2.3～4.0cm，梗洼广、浅、缓，果顶圆、平；果肉浅黄，肉质较软，可溶性固形物含量 22.0%，风味酸甜可口，品质极佳，可食率 93.3%；大连地区，盛花期 4 月中下旬，果实成熟期 6 月上旬。

树势强健，生长旺盛，树姿较直立，芽萌发力和成枝力较强，枝条粗壮。幼树期枝条直立生长，长势

图 3-7　明珠

旺，枝条粗壮。盛果期后树冠逐渐半开张。一般定植后 4 年开始结果，五年生树混合枝、中果枝、短果枝、花束状果枝结果比例分别为 53.1%、24.5%、16.7%、5.7%。花芽大而饱满，每个花序 2～4 朵花，在先锋、美早、拉宾斯等授粉树配置良好的情况下，自然坐果率可达 68% 以上。

8. 福星

福星是烟台市农科院果树研究所杂交育种选出的中早熟、大果型、红色、异花结实甜樱桃优良品种。2003 年杂交，亲本为萨米脱×斯帕克里，基因型为 S_1S_3。2013 年通过山东省农作物品种审定委员会审定。

果实肾形，果顶凹，脐点大；缝合线一面较平（图3-8，彩图），类似萨米脱。果皮红色至暗红色，果肉紫红色，肉质硬脆；果个大，平均单果重11.8g，最大14.3g；可溶性固性物含量16.3％；可食率94.7％。果柄粗短，柄长2.48cm。果实发育期50d左右，在烟台地区6月10日左右成熟，成熟期同美早。

图3-8 福星

树势中庸偏旺，树姿半开张。主干灰白色，皮孔椭圆形，明显。一年生枝浅褐色，二年生枝灰褐色。叶片大，浓绿色，倒卵圆形，平展，粗重锯齿；叶基楔形；成熟叶片顶端骤尖；蜜腺小，肾形。具有良好的早果性，苗木定植当年萌发的发育枝基部易形成腋花芽，幼树腋花芽结果比例高。成年树以短果枝和花束状果枝结果为主。自花不实，可以用美早、早生凡、萨米脱、红灯、桑提娜作为授粉树。

9. 萨米脱

原名 Summit，加拿大大不列颠哥伦比亚省萨默兰太平洋农业食品研究中心 1973 年杂交，亲本为 Van（先锋）×Sam（萨姆），1986 年推出，基因型为 S_1S_2。烟台市农科院果树研究所 1988 年从加拿大引入，2006 年通过山东省林木品种审定委员会审定。是目前全国各地发展较快的中熟、大果型、红色、异花授粉优良品种。

果实长心脏形（图 3-9，彩图），果顶尖，脐点小，缝合线一面较平；果实横径、纵径较大，侧径较小。果个大，平均单果重 11～12g，最大 18g；果皮红色至深红色，有光泽，果面上分布致密的黄色小细点；果肉粉红色，肥厚多汁，肉质中硬，风味上，可溶性固形物 18.5%，果核椭圆形，中小，离核。果实可食率 93.7%，果柄中长，柄长 3.6cm。在烟台，6 月中旬成熟。树势中庸，早果、丰产性能好，产量

图 3-9 萨米脱

高，初果期以长、中果枝结果，盛果期以花束状果枝结果为主。异花结实，花期较晚，适宜用晚花的品种如先锋、拉宾斯、黑珍珠等做其授粉树。生产中与大果型的美早、黑珍珠混栽，效果表现较好。

栽培习性：中庸偏旺的树，结果好，果个大；弱树、外围不抽长条的树，果个小。该品种适宜乔化砧木。

10. 先锋（Van）

原名 Van，曾译名'凡'，加拿大不列颠哥伦比亚省萨默兰太平洋农业食品研究中心 1944 年 Empress Eugenie 实生培育，1985 年推出，基因型为 S_1S_3。烟台市农业科学院果树研究所 1988 年从加拿大引入，2004 年通过山东省林木品种审定委员会审定。是目前生产中栽培较广的红色、中熟、中果型、异花授粉甜樱桃优良品种。

果实中大，平均单果重 8.5g，最大果重 12.5g。果形圆球形（图 3-10，彩图）。果顶平，缝合线明显。果柄短粗，柄长 2.88cm。果皮厚而韧，红至紫红色。果肉玫瑰红色，肉质脆硬，肥厚，多汁，甜酸可口。果实紫红色至紫黑色时，可溶性固形物含量达 20％以上，高者达 24％。果核小，圆形。可食率达 91.2％。果实耐储运，冷风库储藏 15～20d，果皮不

图 3-10 先锋

褪色。烟台地区 6 月中下旬成熟，熟期一致。树势中庸健壮，新梢粗壮直立。早果性、丰产性较好。花粉量大，可做授粉树和主栽品种。异花授粉，适宜授粉品种为雷尼、宾库等。叶片长椭圆形，深绿色，平展，有光泽。叶缘复锯齿，锯齿尖，裂刻中深。叶柄上近叶基处，具 2～3 个蜜腺，多数 2 个。蜜腺椭圆形，深红色，多对生。

栽培习性：耐寒性较差，冬春温度过低，易致花束状果枝死亡。果实在紫红色至紫黑色时采收，风味好，但晚采时遇雨，脐点处易出现小裂口。

11. 拉宾斯（Lapins）

原名 Lapins，加拿大不列颠哥伦比亚省萨默兰太平洋农业食品研究中心 Lapins K·D1965 年杂交，亲本为先锋（Van）×斯太拉（Stella），1986 年推出，基因型为 S_1S_4。烟台市农科院果树研究所 1988 年从加拿大引入，2004 年通过山东省林木品种审定委员会审定。是目前生产中栽培较广的自花结实、紫红色、晚熟优良品种。

果实中大，单果重 11.5g（烟台现实生产中 7～8g），加拿大报道平均单果重 10.2g。果形近圆形或卵圆形（图 3-11，彩图）。果皮厚而韧，紫红色，有光泽。果柄中长、中粗，柄长 3.24cm。果肉肥厚、

图 3-11 拉宾斯

脆硬，可溶性固形物含量达 16％，风味好，品质上。烟台地区 6 月中下旬成熟，熟期一致，抗裂果。叶片长椭圆形，深绿色。叶缘复锯齿，裂刻较深。叶柄近叶基处，有 2 个蜜腺，肾形，米黄色至深红色，多对生。树势强健，树姿半开张，树冠中大。早果性、丰产性均佳。花芽较大而饱满，开花较早，花粉量多，自交亲和，并可为同花期品种授粉。

栽培习性：抗寒性较强，可自花结实，在樱桃坐果率较低以及早春频发霜冻的地域栽培，可获得较好的产量和效益。树体负载量较大时，果个偏小。采收过早时，单果重、风味达不到该品种固有的特性。

12. 艳阳（Sunburst）

原名 Sunburst，加拿大大不列颠哥伦比亚省萨默兰太平洋农业食品研究中心 1965 年杂交，亲本为先锋（Van）×斯坦勒（Stella），1986 年推出，基因型为 S_3S_4。1989 年山东省烟台市芝罘区农林局从加拿大引入烟台，2008 年通过山东省农作物品种审定委员会审定。是目前山东、陕西栽培较多的红色、大果型、中熟、自花结实优良品种。

果个大，平均单果重 11.6g，最大 22.8g；果形近圆形，果柄粗、中长（图 3-12，彩图），柄长 3.46cm；缝合线明显内凹；果皮红色至深红色，有光泽；果肉玫瑰红色，果汁红色，果肉肥厚、质地偏软，核中大，可食率 92.5%，果实可溶性固形物达

图 3-12 艳阳

17.5%。果实发育期 55d 左右。烟台地区 6 月中旬成熟，与先锋成熟期相近。幼树树姿较直立，分枝角度较小，盛果期树树势中庸，树冠开张。早果性、丰产性均佳。花粉量大，是优良的授粉供体。

栽培习性：进入盛果期后，树体易早衰，结果部位外移，内膛易光秃；栽培管理中，应加大肥水投入，控制负载量；合理密植，采取适当整形修剪措施，保持冠内合理光照。果实成熟前遇雨易裂果，应采取避雨设施栽培。

13. 黑珍珠

烟台市农业科学院果树研究所 1999 年在生产栽培中发现的萨姆（Sam）优良变异单株，基因型为 S_1S_4。2010 年通过山东省农作物品种审定委员会审定，是目前生产中发展较快的大果型、中晚熟、紫黑色、硬肉型甜樱桃优良品种。

果实肾形，果顶稍凹陷，果顶脐点大（图 3-13，彩图）；果实大型，平均单果重 11g 左右，最大 16g；果柄中短，柄长 3.05cm。果皮紫黑色、有光泽；果肉、果汁深红色，果肉脆硬，味甜不酸，可溶性固形物含量 17.5%，耐储运。果实在鲜红色至深红色时，口感较好。烟台地区 6 月中下旬成熟。

图 3-13 黑珍珠

树势强旺，树姿半开张，萌芽率（98.2%）高、成枝力强，成花易，当年生枝条基部易形成腋花芽，盛果期树以短果枝和花束状果枝结果为主，伴有腋花芽结果。自花结实率高，极丰产。

栽培习性：幼树结果，果个较大，类似美早；丰产期树由于挂果较多，果个趋中。管理上，一方面要加强肥水管理，保持中庸偏旺树势；另一方面要通过修剪，控制负载，以确保单果重在 10g 以上。

14. 桑提娜（Santina）

加拿大太平洋农业食品研究中心 Summerland 试验站 1996 年推出，亲本为斯得拉和萨米脱。加拿大主推早熟品种。自花结实、丰产稳产是其优点。

　　主要经济性状：树姿开张，干性较强；结果枝以花束状果枝和短果枝为主，花芽中大、饱满；果实中大，平均单果重 7.6～9.0g，卵圆形，果柄中长，果皮红色至紫红色（图 3-14，彩图），果肉淡红，较硬，味甜，品质上，可溶性固形物含量 18%；抗裂果；中早熟，发育期 50d 左右，成熟期较先锋早 8～10d，泰安地区 5 月中下旬采收。自花结实，丰产性好。

图 3-14　桑提娜

　　15. 雷尼

　　原名 Rainier，也称雷尼尔，美国华盛顿州 1954 年杂交，亲本为宾库（Bing）×先锋（Van），1985 年推出，基因型为 S1S4。中国农业科学院郑州果树研究所 1983 年引入，烟台 1989 年引入。目前，在山东的烟台及鲁中南地区、大连、青海等多个地区栽培。是一个大果型、黄红色、中熟、异花结实、鲜食加工兼用型优良品种。

果个大（图 3-15，彩图），单果重 8～9g，大果 12g；果实宽心脏形，果柄短，果皮底色黄色，阳面着鲜红晕，光照良好时可全面红色，具光泽，艳丽。果肉黄色、中硬，可溶性固形物含量 15%～17%，品质佳。果核小、离核。可食率 93.5%。果皮薄，不耐碰压。山东半岛 6 月中旬成熟，鲁中南地区 6 月上旬成熟。

图 3-15 雷尼

树势强健，枝条粗壮，节间短，树冠紧凑。叶片大而厚，色深绿。自花不实，适宜授粉品种为先锋、宾库等。花粉多，是优良的授粉品种。丰产、稳产，抗裂果，抗寒性强。

　　栽培习性：枝量多、光照差时，红色着的轻。生产中可采用高光效树形、地面铺反光膜增加果实着色；采用其他农艺措施增加果肉硬度。

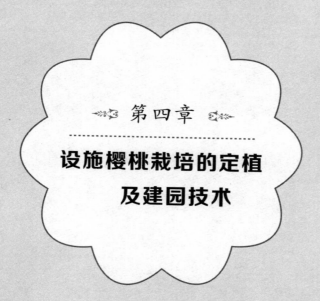

第四章

设施樱桃栽培的定植
及建园技术

甜樱桃促成设施栽培，不仅比露地栽培提早成熟，延长供应期，克服了露地栽培难以解决的花期霜冻、成熟期遇雨裂果及鸟类取食危害等难题，而且产量稳定，品质提高，经济效益高，每亩收入5万元容易实现，高者达20万元以上。目前生产中甜樱桃促成栽培设施类型主要有塑料日光温室和塑料大棚两种。

一、标准樱桃园的建立

（一）园址的选择与规划

选择土壤肥沃、土层深厚、中性或微酸性壤土及沙壤土，地下水位低、排灌良好、风害轻的地方建园；地下水位高、黏重土壤及排水不畅的园块，应选择平面台田栽培。

甜樱桃保护地栽培成功与否，效益的高低，除了栽培品种、栽培技术起着决定性作用外，栽培设施是否合理同样起着至关重要的作用。因为栽培设施结构是否合理，将直接影响其升温的时间、保温效果以及采光的性能，进而影响树体生长发育和果品的产量、质量。因此，设施类型的选择和建造质量是保护地栽培甜樱桃是否成功的关键环节。由于设施是长久性建筑且投资大，所以，设施类型的选择与建造应从长远考虑，要认真规划和合理选择设施场地。

设施建造应遵循以下原则。

① 要把樱桃园建在有利于甜樱桃健壮生长，容易实现早熟、优质、丰产的地方。具体要求是设施场地应背风向阳，东、西、南三面无高大树木或建筑物遮挡。

② 要考虑土壤条件，应选择在土层比较深厚，土壤疏松肥沃，透气性好，无盐渍化的沙壤土和壤土上建园。对土壤黏重的园块须进行土壤改良。

③ 要考虑水源和排灌条件，甜樱桃对土壤水分状况敏感，应选择地下水位低、有灌溉条件且排水良好的地块建园。

④ 要考虑销地远近和交通运输条件。应选择交通便利的地方，最好在公路干线附近，以利于产品运销。但不宜过分靠近道路，以减少尾气和尘土污染。还要避免在厂矿附近建造，以防尘埃和有害气体污染。

（二）樱桃的定植和管理

为了抢占市场，早期实行保护地生产，可以自己培养或外购4～8年生的结果大树直接移栽到保护地内，移栽树经过一个生长季的缓苗与培育，第二年即可进行生产，并能取得很好的经济效益。如果移栽过程中能保持根系完整的带土坨移栽，则能实现当年移栽、当年结果、当年收益的好效果。

　　移栽前，在欲栽樱桃树的温室内按预先设定好的株行距挖定植沟，一般为双行或三行栽植，株行距为3m×4m或2.5m×3.5m。沟宽1m、深0.5m左右，放入与土混拌的腐熟的农家肥、腐殖土等，回填放水，沉实待用。农家肥每亩施4000kg左右。

　　温室大棚甜樱桃栽植，一般都是选择5～10年生树体生长良好的樱桃树移栽。于秋季落叶后土壤上冻前或春季萌芽前进行移栽。挖树时，由树冠外围开始，逐渐向内进行。尽量要少伤根，避免伤大根。另外，甜樱桃树根系很脆，易折断，因而搬运时要格外小心，保护好根系，随起随栽，栽后立即灌透水。远途运输时，要将根系沾泥浆或保湿运输，以利成活。秋季栽植的树，冬季要注意培土防寒。

　　为了保证移栽成活，必须保证有足够长的生长根系，移栽前要将伤根剪平，去掉根瘤，用20～30倍的K84蘸根，栽植后要灌透水。一天后用生根粉溶液灌根，再用"地福丰"200g/株、"混根动力"250g/株灌根，四川国光牌也可，用稻瘟净2000倍混复硝铵4000倍，海绿素1000倍灌根或根壮多250g/株灌根。发芽前灌第二次，展叶后灌第三次。为了确保移栽后正常生长，也可采用对树体挂吊瓶打点滴的办法来补充树体养分。

二、栽培设施的设计与建造

（一）樱桃栽培常用的设施类型

1. 日光温室棚型

设施结构的选择，主要依据太阳辐射的强度、光照时间、气候条件及经济实力而定。现主要介绍以下几种较先进实用的日光温室。

（1）钢架结构拱圆式日光温室（鞍Ⅱ型日光温室）（图 4-1）　是鞍山市园艺研究所设计的一种无柱结构的日光温室。跨度 6～7m，矢高 2.8～3.2m。后墙及山墙为砖砌空心墙，内填保温材料，厚 12cm。内墙高 2m 左右，外墙比内墙高出 0.6m（称女儿墙）。前屋面为钢结构的一体化半圆拱架。拱架由上、

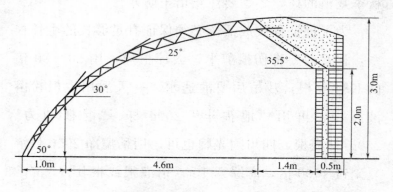

图 4-1　钢架结构拱圆式日光温室

下双弦及其内焊接的拉花构成。上弦为直径 40～
60mm 钢管，下弦为直径 10～12mm 圆钢，拉花为
直径 8mm 圆钢。拱架间距为 0.8～1m。拉筋为直径
14mm 的圆钢，东西向 3～4 根，10m 以上跨度的为
5 根。拉筋焊接在拱架的下弦上，两头焊接在东西山
墙的预埋件上。后坡宽 1.5～1.8m，仰角 35.5°。其
钢拱架的上、下弦延长与后坡斜面宽度相等并下弯，
架在后墙的内墙上。从上弦面起向上搭木板或竹片，
屋脊与后墙间铺盖作物秸秆和泥土的复合后坡。前屋
面钢拱架的下、中、上部三段弧面，与地面形成的前
屋角分别为 60°～40°、40°～30°、30°～20°。

目前，生产上应用的甜樱桃日光温室大多选择大
跨度（图 4-2）和高举架的结构。一般跨度为 8～
9m，矢高以 3.5～4.5m 为宜。但跨度越大，覆盖物

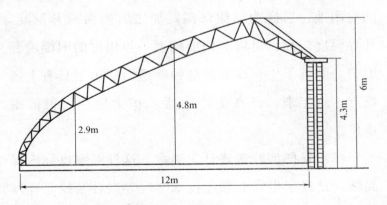

图 4-2 大跨度钢架拱圆式温室

越长，会给管理带来许多不便。如果有机械化作业的果园，可加大跨度至 12m。钢架结构拱圆式日光温室，不仅采光、保温性能好，棚膜易压紧，不易被风损坏，而且空间大，无支柱，土地利用率高，方便作业。

（2）背连式日光温室　也称背棚，即在拱圆式日光温室的背面，利用其后墙体建造一个无后坡的拱圆式新型温室。此结构温室是辽宁省熊岳城地区的果农在生产实践中创造的。这种新型温室前棚高、后棚矮，前、后棚共用一个墙体。后棚跨度为前棚（南面棚）的 3/4 或 4/5，覆盖时间前、后棚相同，但揭帘时间前棚早、后棚晚。前棚栽植甜樱桃，后棚可栽植葡萄、蔬菜等矮棵植物。此结构温室，前、后棚共用一个墙体，既节省建筑用料，又充分利用了温室后面的空闲地。后棚为前棚保温，加之后棚揭帘升温晚，外界温度较高，可以利用前棚上一年用过的旧棚膜和旧帘，降低了生产成本。这种新型温室由于具有上述优点，近年来，已在生产中逐步扩大应用，很值得推广。

（3）轻便型腔囊式日光温室　这种温室也称内保温棚，是辽宁省农业职业技术学院姜兴胜教授研究发明的。该温室采用现代保温材料，内保温形式。保温材料轻便，卷放自如快捷，卷帘只需 2～3min，放帘只需几秒钟；保温材料在卷帘后和撤帘期间因呈折叠式内置，故不易损坏，使用年限长；骨架及卷帘放帘系统等各部件组合安装、拆卸方便；棚内四周地面设蓄热恒温系统平衡室温；不用草帘覆盖，既防火、抗风（风力 8 级）、抗雪，又省工、省力；屋面角度大，光照强；通风装置随意开启；无墙体，造价低，每亩造价在 3 万元以内。

该结构为钢筋骨架，矢高 4.5m，跨度为10～13m，长 60～100m，架间距为 1.2m，可建成东西或南北朝向，可单栋也可连栋建造。东西向单跨型跨度为 10m 左右，南北向单跨度为 13m 左右，连栋型跨度随意设计。该结构尤其适合树体高大的甜樱桃保护地生产。随着保护地甜樱桃栽培区域不断向北扩展，这种轻便、内保温式新型温室，将很快得到推广应用。

2. 塑料大棚棚型

塑料大棚类型主要有竹木结构和钢架结构两种。当前生产上多采用钢架结构塑料大棚。塑料大棚主要有大棚骨架、塑料薄膜、保温材料、卷帘机四部分组成。

（1）大棚骨架　大棚骨架主体部件由钢管构成，

可分为：立杆（即棚顶最高点柱支撑），横杆（即棚体高点纵向通杆），每间的梁体及每间梁体中间的椽条（可以是钢管或竹竿材质，若要是竹竿材质纵向要通体用钢丝固定），棚体斜向支撑的顶杆，用草帘保温的大棚顶部要有两条卷杆及卷帘机支架六部分，材质均用寿命长的热镀锌钢管。立杆、横杆及斜向支撑杆，用外径 50mm、壁厚 3mm 的钢管；草帘、棉被的卷杆用外径 65mm、壁厚 2.5mm 的钢管。

单栋棚体的具体结构、走向等，应视具体地块和树体高度而定；棚体南北、东西走向均可以，但南北走向比东西走向受光度好，管理相对容易。棚体长度可达 100m，单栋棚跨度为 8～26m，宽度再大的可以两个以上连栋；高度由树体高度和单栋跨度决定，一般棚面的坡度比为 30%～35%，棚面要有一定的拱起弧度，弓高一般为 35cm 左右。南北走向的一般两个棚面均等，也可根据棚内树行的具体情况选择大小不匀的棚面结构，以东面大西面小为宜。东西走向的大棚一般前面坡大，北面坡小，具体视不同的跨度而定。

棚体为多个梁体之间连接而成，两端的梁体要用双梁式结构使其牢固，中间的用单梁结构便可。梁体的制作方法为，在钢管弯曲内侧用国标 10 号钢筋，组成等腰三角形焊接而成，一般每 3m 一架梁，其两间梁中间，用钢管或竹竿做檩条 4～5 根，用钢管时直接焊接牢固，若用竹竿时要纵向分布钢丝以便绑定。以竹竿做檩条比全用钢管的初期投资要少一些，但长期来说没有钢管省钱。棚体内部每间梁之间要做好相互连接支撑，在棚体两端及两边要设置多个斜向支撑使其牢固一体。

大棚的北面，一般使用保温材料，里外用塑料薄膜包裹好，常年固定其上，每年适度检修更换；其上可以视棚内具体通风需要情况，在特定位置开一活动的通风口，需要时方便打开便可。对南北走向的大棚，门口开在北面较好；对东西走向的大棚，门口应设在较为方便的东面或西面。在大棚三个受光面的下部距地平面 80～100cm 处，应设置以固定的保温材料作为大棚的保温裙边带，通常用 1.3～1.5m 宽的草帘加一层棉毡，里外用塑料薄膜包裹好，沿外棚底边一部分埋入地下，上部留 80～100cm，并与棚体连接牢固。从其高处向下卷 20～30cm 便可，这样的高度在放边风时便于操作。南北走向的南棚头外部的保温材料，需在棚顶外部合理分布滑轮，下部设置一卷帘机将其上下卷起放下。

（2）塑料薄膜 塑料薄膜应采用透光率高的消雾型长寿无流滴膜（图 4-3），根据单栋棚体宽度、放风口的位置和数量合理分配块数及长宽度。其中最顶部一块为固定的。

图 4-3 钢架结构塑料大棚

（3）保温材料 外部的保温材料一般采用幅宽1.5m、厚度5cm的稻草帘或5层棉被及棉毡，排列好后将其相互连接成一体。

（4）卷帘机 用稻草帘的卷帘机，一个大棚应用两个减速卷帘机，放置在棚体顶部，每面坡一个，便于管理；用棉被的卷帘机应定在棉被的下部，用铰链支撑随棉被一同卷起放下。其功率随棚体具体长度和面的总体宽度而定。

（二）常用设施环境温度调控设备介绍

对于华北及以北的种植区来说，由于1～2月份气温较低，单纯用保温措施还不够，夜间的温度过低将会影响上市期，效益偏低，因此，需在棚室内设置取暖装备。通常使用的取暖装备有以下几种：火灶地龙式取暖器、热风锅炉式取暖器、热水锅炉散热器取暖器。

（1）火灶地龙式　即在棚内一具体位置自地面下挖一定长、宽度的空间，用耐火砖砌一炉灶，烟道贴其地面，用瓷管或水泥管做烟囱，距地面10～20cm，顺棚向，末端设置一轴向风机导出棚外，此为散热主体。该装备结构简单，成本低廉，但升温较慢，棚体大时需要设置多个，生产中操作强度较大，各连接处要时常检查避免漏烟。

（2）热风锅炉式　该种方式是采用一钢结构炉体，体内一耐火材料受热室，用风机将其热量吹出，通过一到两根暖风输送带，顺棚向合理分布散温；散热体有烟道和风带（面积大的，设计2条风带）。该装备投资要稍高一些，所消耗燃料要比火灶地龙节约，升温快，但停机后降温也快。

（3）热水锅炉散热器　该装备一次性投资大，棚内温度均衡，但提温时间长，适于长期循环保温，能耗偏高。

第五章

田间管理技术

一、解除休眠与升温时间

1. 自然解除休眠

甜樱桃进入休眠期后，必须经过一定的低温才能解除休眠。不同品种甜樱桃之间的需冷量有很大的差异，一般甜樱桃品种在 0～7.2℃温度范围内的需冷量为 700～1400h。满足需冷量要求后，当外界温度适宜时，甜樱桃即可萌发。

大棚建造、整理好后，应适当早一点（一般在正常落叶后，在山东烟潍地区大约在 11 月上中旬）将薄膜及保温材料铺设好，白天将保温材料放下，将放风口打开，使其棚内平均温度保持在 2～7℃促进休眠。若白天温度高时，夜间将保温物卷起降温，当遇到雨雪天时一定要将保温材料卷起，以免冻结不好卷放或雪过大压坏棚体。在这种情况下，经过 45～50天便可正常升温。

2. 采用破眠剂促进打破休眠

采用此项技术，可以克服个别品种需冷量不足的问题，又能比正常情况下树体早萌芽开花 7～10 天，从而提早上市时间。但采用这一技术时应注意以下几点事项。

① 经过充分预冷的大棚，使用时的浓度可适当小一些，一般用 50% 的单氰胺 100～120 倍液；没有进行预冷的大棚可用到 80～100 倍液；喷施要均匀细致，不可重复，一个生长周期只能使用一次，对树体没有伤害。

② 使用时期以升温当天为好，最迟不要超过升温后 6 天，时间长后会对树体有一定影响，且破眠效果不好。喷药当天要浇一次透水，在土壤较湿的情况下，以在 8～10 天后浇一次水为好。喷药后棚内夜间温度不要低于 5℃，低于 5℃ 时应取暖保温。棚内要保持相对较高湿度，干燥时在下午时段向树体喷水增湿，保证开花时各部位较为整齐。

③ 由于单氰胺其对叶芽刺激较为明显，所以在新梢长到 1～2cm 时，喷施一遍 80～100 倍的 PBO 营养生长抑制剂，降低生长势，以免影响花芽生长和坐果。

④ 因为其为化学合成强碱性制剂，具有一定的毒性，可通过皮肤接触和呼吸侵入，可杀伤皮肤和出现过敏现象，故在喷施药剂时应尽量做好防护，避免皮肤直接接触，减少吸入。喷完药后要将衣物清洗干净，用肥皂将身体裸露部位冲洗干净；喷药前后各 3 天不能饮酒，因其极易与酒精在体内反应，引起血压

升高、心率加快，严重者还会出现眩晕、休克现象。若出现上述现象应及时就医。

3. 升温时间的确定

升温时间可依据甜樱桃休眠期的低温需求量和保护地栽培的设施类型来确定。

不同品种的休眠时间长短不一，必须在满足所栽植品种的最高低温需求量后，也就是当低温需求量最高的品种稳定通过自然休眠后才能揭帘升温。大连地区，一般 12 月中下旬开始升温；在烟台，一般在 12 月底 1 月初开始升温。如果需冷量不足，会出现萌芽开花不整齐、花期拉长或不开花、坐果率低等现象。

塑料日光温室有较好的保温性能，以促早熟为目的的温室，一般在满足需冷量后即可升温。以延迟栽培为目的的温室，应在棚内温度高于 5℃ 时开始人工降温，升温时间按果实上市计划而定。用塑料大棚栽培甜樱桃时，由于其保温性能较差，升温时间不宜过早。覆草帘的应在外界旬平均气温不低于 −12℃ 时升温，无草帘覆盖的则应在旬平均气温不低于 −8℃ 时升温。如果升温过早，在开花期和幼果期可能遭受寒流的影响，使棚内温度下降幅度较大，导致冻害发生。据有关材料记载，现蕾至开花期发生冻害的临界温度为 −2℃，所以，应适时升温。

另外，当棚室多、面积大时，为减轻采果、销售、运输的压力，可分期升温，使果实成熟期错开。

二、设施内小气候特点及调控

众所周知，温度和湿度调控是大棚期内生产管理的核心，是决定大棚效益的关键因素。首先，在相对密闭的环境下从事甜樱桃的促成栽培，温度和湿度在一特定物候期调控不当，将会带来意想不到的损失；其次，各品种间的互相授粉能力的合理配置、树体的健壮程度和结果态势也是决定效益高低的先决条件。

那么，同样是从事大棚生产，为什么会出现不同的结果呢？实质上具体到每一个大棚来讲，因为棚体高低、宽窄、方向、立地条件、土壤肥沃程度、树势健壮程度等都影响着管理细节。因此，一定要遵循甜樱桃的生长特性，满足其适宜的环境条件进行管理才行。

（一）通风

在大棚的前期管理中，夜间的保温固然重要，但白天的通风更为重要。在整个棚内生产时期，只有通过良好通风方法，才能有效地调控棚内的温、湿度。在温度范围允许的前提下，在不同的物候期尽可能地接近于露地生长的环境条件。大棚生产的成功与否，合理的通风尤为重要。所以，必须将通风作为大棚温、湿度管理的首要措施。

通风的位置和方法很关键。生产中很多人只注重开启顶部风口来调控温度，忽视了边风口与顶风口之间的衔接关系，所以有时很难将温度调整稳定，湿气不易排出。实践表明，在升温至花芽膨大期，一般年份边风不用开启，只开顶风口便可以有效调控温度；但到花序分离初期，便要逐渐开启边风，对树体进行吹风锻炼，此时外界环境温度较前期逐渐回升；从花序分离初期直至果实采收，每天视具体天气情况均要开启边风，特别是在花期，因棚内花期较长，2月上旬开始开花的一般要在 20～25 天，3月上中旬开花的一般在 7～10 天。多年来，在花期经常会遇到持续几天的相对高温天气，致使部分管理者无从应对；此时应通过放下保温材料遮光，加强两边及南北通风，棚内喷水等措施降温，避免过多损失。

（二）温度调控

棚内温度调控不是一成不变的，适宜的温度范围随物候期的变化而不同。根据物候期进行适宜的温度范围的介绍，便于掌握应用。

大棚期内所表现的各个物候期大体分为打破休眠期、花芽膨大期、花序分离期、开花期、幼果生长期、硬核期、膨大成熟期。各个时期均需要相对不同的环境条件，才能充分满足其生长要求。

1. 打破休眠期

亦称树体唤醒萌动期，该物候期的长短取决于环境温度及地温的高低，一般日平均气温 8～10℃，地温（20cm 土层）高于 8℃时，所需时间最短。故当夜温较低时，白天温度高一些是没有问题的，并不像有些人所说的不行，其论点是，白天不能用过高的温度，这样会影响其生理状态的表现，就像将人从沉睡中突然叫醒，就开始正常工作能行吗？这种论点是基于理论层面上做的技术分析，缺乏实际生产中的经验和总结，忽略了日平均温度这一概念。

如果应用提前预冷促进休眠、又采用了破眠剂技术，使用当天夜间温度不宜低于 5℃，白天的最高温度不要超过 16℃，3～5 天后树体便可萌动。如没有采用上述方法，由于扣棚较晚，地温过低，那么前几天就不要控制温度，尽可能地用高温，便于较快地提起地温；同时有条件的地块应及时用深井水浇一遍透水，更易于地温的提升，尽可能地缩短树体破眠唤醒时间；当地温提至 8℃ 左右时再控制白天的温度便可。

地温的问题在生产中很容易被忽视，大棚内地面接受的光照度由于棚膜和树体遮挡变弱，加之受光时间较短，地温较棚内气温回升慢，并长期偏低，直到果实成熟期时才达到20℃左右；开花和幼果期时仅13～14℃，土壤条件好的可达15～16℃，土壤黏重、棚体高、树枝叶密的棚内地温仅达12～13℃。土壤温度过低严重抑制了根系的活性，影响同化物的转化及植物细胞分裂素的合成，对果实生长严重不利，容易引起落果。所以，前期提高地温是相当必要的。

（1）方法一　在建园时采用高畦栽培，高度在40～50cm，这样既有利于提高根际土壤温度又可节约用水；涝雨天时又宜于排水防涝；同时透气性好，能够有效克服根腐病的发生，就连树体流胶现象也较轻。红灯、美早等较为旺长的树势也能得到适度的缓和。

（2）方法二　在树盘内用塑料薄膜起30cm左右的小拱，留下管理操作行，其上覆盖地膜，比单纯地面覆盖地膜的地温要高3℃左右。该方法浇水方便，湿度又容易控制。具体方法为：用竹片插拱后覆盖薄膜，薄膜用黑色可比白色吸热量高，又能抑制下部草的生长；也可以拉扯几道铁丝，中间用枝棍支撑，将大棚用过的膜覆盖上也可，废物利用节约成本，创造效益。樱桃硬核期时，环境温度比较高，地温不再是其主要影响因素。此时应将薄膜撤掉，提高土壤的透气性，尤其是地面直接平铺地膜的棚户更需重视。

（3）方法三 有条件的棚户可以增设地温加热系统，现有大体两种模式：一是在 30cm 下埋设电加热系统；二是埋设管道用热水循环或热风循环系统。这两种加热方法都较容易调控与地上部分的平衡，均能取得好的效果，但大部分人对这项投资比较谨慎。

2. 花芽膨大期

指从树体开始萌动到花序分离期，需要 30～35 天，该时期的适宜温度为：日平均温度 10～13℃，夜温最低一般不低于 5～8℃，白天不高于 17～20℃。温度过高将会显著缩短其生育期，对花芽的后期发育不利，会造成无粉现象、只开花不结果，损失惨重。临朐的部分大棚曾出现过此类问题。

特别是在这段时期，由于外界温度较低，为了保持夜温，棚内要采用烧火取暖，有时炉体及烟道密封不严，时常引起漏烟现象，但未引起注意，致使烟尘中的有害气体对花芽造成严重危害，往往导致花芽死亡或开花时花柄不向外伸张、花托及子房部位开裂，轻者减少收益，严重者造成绝产。2012 年，有些大棚出现该现象，严重的几乎颗粒无收。所以，在生火时一定要时常检查各部位是否完好，及时修补，烟道上设置的抽风机一定要完好，并要有备用，一旦需要时及时更换；停火时一定要在炉膛及烟道内无烟后再停风机。

上述现象一旦发生，应及时停止烧火，并将棚边部和顶部的通风口打开，将烟汽彻底排出后关闭，检修好后再烧火升温。如果因不注意，连续几天均出现少量的漏烟，并发现部分早期的花蕾出现异常时，应停止夜间烧火，让其他受损不明显的花芽放慢生长速度，并连续喷施一些营养元素和多糖类功能性制剂，以缓和恢复其功能。2013 年春节时，临朐城关街道办一大棚出现了这种现象，早期膨大的红蜜、雷尼、先锋等受损严重，通过间隔 3～4 天喷施两次烟台华明生物技术有限公司研发生产的多糖制剂润丰宝 500 倍＋疏调钙 600 倍＋聚糖液硼 1000 倍＋聚糖膨果素——果果大 1000 倍，获得相当好的效果。

3. 花序分离期

这段时期的长短与所用的温度高低有关，特别是夜间温度过高代谢加剧，枝叶生长加快，花柄伸长慢，能造成花瓣瘦弱，到谢花后幼果生长较慢，极易停长落果。所以，此时日平均温度需保持在 13～14℃，夜温一般在 8～10℃，白天最高温度在 16～18℃，同时加强边风应用。

4. 开花期

花期最适宜日平均温度在 15～16℃，白天高温控制在 16～20℃，夜间保持在 8～10℃。在花期通好风更加关键，只开顶风只能降温，棚内无循环对流风。有循环对流风的情况下，纵使中午时段温度偏高也不会有太大影响；若不通风，即使温度并不是很高，也会造成较大的损失，这就叫"闷了棚"。若是遇到阶段性高温天气，一定要在棚温升到 14～15℃时，便将边风打开，南北棚将顶放风口全部打开，将东面坡的保温覆盖材料下放至立肩靠下位置遮阳，中午过后将西面坡的放下东面卷起，并在棚内喷雾及地下喷水降温增湿，防止花器官快速老化、丧失活性、影响坐果。对于东西向的棚来讲，只好将保温覆盖材料放到中下部，将所有的放风处打开加强通风，喷水降温。当遇到低温雨雪天时，要进行烧火升温。

5. 幼果生长期

谢花后授精良好的幼果便进入迅速生长期，这时的温度应比花期时要偏高 2～3℃，白天可保持在 20～22℃，夜温在 10～12℃。夜间温度不宜低于 8℃较长时间，这种低温对幼果生长是一种障碍，会加剧落果现象的发生。遇到高温时，也要采取上述方法降温，不同的是向树体上不是喷雾而是直接喷水。

6. 硬核期及膨大成熟期

硬核期可保持上述的温度值便可，膨大成熟期时要再提高 2~3℃，白天可达 22~25℃，夜间在 10~14℃，昼夜温差要达 10℃ 以上，便于糖分积累，利于着色。

（三）湿度控制

棚内湿度各个时期也是有不同要求的。大致可以分三个阶段：升温到花序分离期、花期、果实生长期。

1. 升温到花序分离期

一般要求高湿度，相对湿度达 85％ 以上，应经常往树体喷水使其保持足够的湿度。特别是采用取暖设施的大棚，更要注重这一点。因为，现有的棚内管理模式势必使棚温升得快，而地温却普遍较慢且偏低。根系活动慢，地上和地下不协调。所以，当棚内湿度低时树体容易出现生理性缺水现象，从而导致开花较不整齐，或部分芽产生干枯现象。但是到了花序分离期时则要开始将湿度进行控制，这时要将地膜盖好，控制地面水分蒸发，加强通风排湿，避免到花期时，夜间湿度过大，造成灰霉病菌大量繁殖浸染，发生严重的花腐病。

2. 花期

对湿度要求较为严格，相对湿度一般在 50％～60％。湿度过低，花药不易开裂，花粉难于散出，不易授粉；雌蕊容易失水老化，不易受精，影响坐果。湿度过高，花药也不容易开裂释放花粉，影响授粉，同时易感染花腐病，损失严重。这段时期最关键是白天加强通风排湿，湿度过大时，白天可以有针对性地应用几次短期高温后放风排湿的方法，这样较易于调整湿度；当白天湿度过低时，要向树上喷雾增湿，在水中兑入部分营养制剂效果更好。

3. 果实生长期

谢花后要将湿度上调至 70％～85％，并且视土壤含水情况，及时浇水并要浇透。浇水时间的早晚和量的多少与坐果率的高低存在一定的关系；浇水越早，越不易产生旱黄落果，坐果率越高。若要生产高品质果，可以适当推迟浇水时间，让其自然疏果，但有时较难掌握。从此时起，特别是硬核期后更要保持土壤水分，直至果实采收；如果土壤忽干忽湿，极易造成果实转色膨大期时裂果现象的严重发生；因此，此时保持相对高一点的土壤水分是预防严重裂果现象发生较为有效的方法，并且果实表光亮丽、有硬度、不易软、单果重增加，效益高。转色膨大期若遇到强降温雨雪天气，即使土壤水分保持得较为均衡，发生裂果的现象也会较为严重，主要因为环境温度的急剧变化所引起；发生这种情况一般是在早晨将保温材料卷起后，棚温短时间降低，或夜间雨雪时将保温物卷起，棚温随之下降，造成果实温度降低，待棚温急速上升时便极易裂果。所以，棚内有加温设施的要进行加温，减轻外界温度对棚内的影响，尽可能降低损失。

（四）光照调控

光照不足是设施栽培中存在的必然现象，主要原因有：塑料薄膜降低了透光性，晚揭和早放保温材料缩短了光照时间，设施架材的遮挡。

塑料薄膜本身就降低了透光率，加之生产周期长及粉尘污染更加降低透光性。使用棉被保温要比草帘的表面污染轻一些；高透光率薄膜要比普通薄膜要好一些，特别是在薄膜材料表层进行静电处理的薄膜，着尘能力要差，具有自清洗功能。所以采用这样的材料，可以有效地改善光照。

对因晚揭和早放保温材料造成光照时间缩短的问题，可在大棚内购置专用植物营养生长灯进行补光，能够提高养分的有效利用率。可以明显缩短相对生长周期，提高产量和品质，同样条件下提前上市时间

5～10 天，其收益远大于投资。

虽然强调棚内整体要提高透光率，但在棚内有些区域透光率过高反而起到相反作用。如到硬核期后，环境温度回升较快、光强度较高，特别是南北棚的西面，靠近棚边的树体部分，由于光强度较高，极易发生日烧现象，易导致落果，成熟时果实发软，降低收入；同样在花期时，这边的光强度较高，树体在强光照射下，树体温度远高于环境温度，超出其适宜温度范围，雌蕊老化加剧，严重影响坐果率，产量低。东西棚的南边同样存在这样的问题。所以，这些位置则需要降低透光率。此时需在棚外设置遮阳网降低光照，或者这部分的薄膜直接用旧的；又可以将薄膜表面故意浊污，降低透光率；高光强时段经常给树喷水也有较好的效果（花期喷雾，坐果后喷水）。

（五）气体调控

大棚内气体包括对树体生长有益的 CO_2 气体和有害的氨气、亚硝酸气、一氧化碳、二氧化硫等气体。

CO_2 是植物光合作用不可缺少的原料。温室内二氧化碳不足是影响果树丰产的重要因素之一，也是目前设施栽培中普遍存在的问题，必须引起重视，加以补充。补充 CO_2 的方法很多，主要有以下几种。

① 增施有机肥　目前生产实践中比较现实的 CO_2 施肥，就是在土壤中增施有机肥和地面覆盖稻草、麦糠等。这些有机物经过腐烂分解，不仅能提高土壤有机质含量，改善土壤理化性状，而且还能促进根系的吸收作用和微生物的分解活动，释放大量 CO_2。采用"营养槽"法效果显著。具体做法：株间挖沟，深 40cm，宽 30～40cm，沟底及四周铺设薄膜成一槽，将人粪、干鲜杂草、树叶、畜禽粪便等填入，加水后让其自然腐烂，整个生育期 2 次。研究发现，此法大大提高棚室内 CO_2 浓度，一次处理可持续 20d 左右。

② 通风换气　在适宜温度范围内，加强通风，靠自然通风补充 CO_2。通风换气的时间为上午 10 时到下午 14 时，每天通风换气 1～2 次。通风换气时间的长短，要根据室内温度高低掌握。

③ 施用 CO_2 气肥　固体 CO_2 气肥为褐色扁圆形颗粒，每 $667m^2$ 施入 40～50kg，施后一周可产生 CO_2，有效期 90d 左右，高效期 40～60d。一般于花前 10d 左右施放。挖 2cm 深的沟，施入后覆土。使用 CO_2 气肥时应注意：施入后，保持土壤湿润、疏松，利于 CO_2 气体释放；棚室内的放风可正常进行，但以中上部放风为好，尽量减少 CO_2 的逸失；勿将

该气肥撒到果树的叶、花、根上，以防烧伤。

④ 化学反应法　利用硫酸与碳酸盐反应释放 CO_2。每隔 6～7m 在棚架上吊挂一个塑料桶，桶口略高于果树，装入适当比例的稀硫酸（浓硫酸与水的比例为 1∶3）和碳酸氢铵，使其反应，放出 CO_2 供果树需要。应用化学法要注意：配制稀硫酸时，应将浓硫酸缓缓倒入水中，切忌将水倒入浓硫酸中；阴雨雪天要停止向稀硫酸中加碳酸氢铵，不然会使室内 CO_2 浓度过高；加入碳酸氢铵后，2h 尽量不要放风。

⑤ 燃烧法　燃烧工业酒精、煤油、液化气等，增加棚室内 CO_2 浓度。此法除了能补充 CO_2 外，还能产生一定热量，提高棚内的温度。

三、花果管理技术

（一）提高坐果率

甜樱桃是自花结实能力低的果树，加之在保护地条件下无风、无昆虫传粉，对甜樱桃的坐果有很大影响。为了提高坐果率，确保多结果，建园时除配置授粉树外，还应该做好人工授粉和利用访花昆虫以及辅助授粉。良好的授粉受精是提高坐果率的关键。

1. 高接花枝

若原有栽培品种的授粉树配置不尽合理，可以高枝嫁接亲和品种的花枝，嫁接方法以切腹接和劈接为主，可以当年传粉并能结果；其嫁接花果枝的长度可达 1m 左右。嫁接时间须在升温后 10 天内完成，成活率较高。结果后要对该枝进行适当支撑，以免嫁接处不牢固而折断。也可在开花时临时截取一些花枝，插入适当大小盛有水的容器中，分别挂置在树体不同部位便于传粉，届时将水中兑入一点白糖和润丰宝寡糖制剂，提供部分养分，延长其寿命。

2. 人工授粉

在开花当天至花后第四天进行，每天进行一次，一般在上午 9:00 至下午 15:00 授粉为宜。人工辅助授粉的方法有两种：一是用鸡毛掸子或毛团、球式（软气球）授粉器在授粉树及被授粉树的花朵之间轻轻接触授粉，如果结合用鼓风机吹风，则有利于花粉干燥和授粉；二是人工采集花粉，用授粉器点授。人工授粉的花粉来源是采集含苞待放的花朵，人工制备。人工授粉的具体做法是，将花药取下，薄薄地摊在光滑的纸盒内，置于无风干燥、温度在 20～25℃的室内阴干，经一昼夜花药散出花粉后，装入授粉器中授粉。授粉器的制作方法是，在青霉素瓶盖上插一根粗铁丝，在瓶盖里铁丝的顶端套上 2cm 长自行车胎用的气门芯，并将其端部翻卷即成。人工点授以花后的一两天效果最好。

3. 利用访花昆虫授粉

人工点授花粉虽然坐果率高，但是费时费工，保护地生产还应结合蜜蜂或壁蜂进行授粉。

（1）释放蜜蜂授粉　在甜樱桃初花期，每个温室放 1～2 箱蜜蜂即可，温室放风口要加防虫网，以防蜜蜂飞丢。在放蜂期间，若遇雪天或低温天气，蜜蜂不出巢采蜜，必须采取人工授粉的措施，保证授粉。

（2）释放壁蜂传粉　壁蜂也称豆小蜂，是人工饲养的一种野生蜂。其活动温度低，12～13℃即可出巢采集花蜜、花粉，15℃以上十分活跃，与甜樱桃开花温度相符合，适应性强，访花频率高，繁殖和释放方便。用壁蜂授粉时，蜂巢宜放在距地面 1m 处。每巢内放 250～300 支巢管。巢管用芦苇秆制作或用牛皮纸卷制。管长 15～20cm，管壁内径为 0.5～0.7cm。在甜樱桃开花前一周，从冰箱内取出蜂茧放入温室内的蜂巢上。一般在放入后 5 天左右为出蜂高峰期，每亩放蜂量为 300 只左右。如果壁蜂破茧困难，可人工辅助破茧。放壁蜂授粉时，棚内须有湿润泥土坑。

在放蜂期间，避免喷施各种杀虫剂，以保证蜜蜂和壁蜂安全活动。

行拉枝，留作主枝的拉至 45°～60°，其余拉至水平。
第 3 年春季骨干枝的修剪同第 2 年，生长季节中干延
长枝发出的新梢不行摘心，单轴延伸，培养 1～2 个
主枝。至此，树体整形已基本完成。

图 5-2　牙签开角

3. 自然开心形

无中央领导干，干高 20～40cm，全树 3～4 个主
枝，开张角度30°～40°。每个主枝上留 5～6 个背斜
或背后侧枝，插空排列，开张角度 70°～80°，多呈单

轴延伸，其上着生结果枝组。树高 3.0～3.5m，整个树冠呈圆形或扁圆形。

整形方法：30～40cm 定干。剪口枝生长直立旺盛时，留 10～15cm 重摘心控制，剪口枝生长不过旺时，可选作主枝，与其下留作主枝的分枝，均留30～50cm 外芽摘心，去上芽，促生分枝，培养主枝延长枝和侧枝。如果长势仍较旺，在 7 月中下旬前，对主枝延长枝留 30～40cm 行第二次摘心，其余直立旺枝重摘心 1～2 次，控制生长。9 月份调整主枝角度到30°～40°，强主枝角度大些，弱主枝角度小些。侧枝开角到 70°～80°。第二年春剪时，主枝延长枝留40～50cm 短截，侧枝和其余枝条缓放或去顶。若生长仍较旺时，主枝延长枝继续摘心，加速培养背斜或背后侧枝，竞争枝和背上强枝用重摘心或扭梢控制，培养结果枝组。到秋季，再对主枝、侧枝角度加以调整、固定。第三年按照第二年的方法继续选留侧枝，培养结果枝组。有 3 年时间，树形即可基本完成（图 5-3）。

（二）修剪方法

1. 冬季修剪

樱桃枝条组织疏松，导管粗大，休眠期修剪早，剪口极易失水，影响剪口芽的生长。因此，大樱桃最

图 5-3　自然开心形

好在萌芽前修剪。修剪方法主要采用短截、缓放、回缩、疏枝等。

（1）短截　剪截去一年生枝的一部分称短截。根据短截的程度不同，可分为轻、中、重、极重 4 种。剪去一年枝条的 1/4～1/3 的称轻短截，可削弱顶端优势，降低成枝力，缓和外围枝条的生长势，增加短枝数量，提早结果。在一年生枝条中部饱满芽处短截，剪去原枝长的 1/2 的称中短截。中短截有利于增强枝条的生长优势，增加分枝量，一般可抽生出3～5个中、长枝。在成枝力弱的品种上多利用中短截增加分枝量，对中心干和主侧枝延长枝幼树期间多用中短截。剪去一年生枝2/3左右称为重短截，能促发旺枝，提高营养枝和长果枝的比例，在幼树期间，为平衡树势多采用重短截。在枝条基部留4～5芽的短截为极重短截，中心干延长枝的竞争枝常采用极重短截控制其长势，利用背上枝培养小型结果枝时，第一年生极重短截，第二年对发出的强旺枝再次极重短截，中、短枝可缓放形成结果枝组。

幼树期间尽量少用短截，对于骨干枝上过长的延长枝，可进行轻、中短截，以利在适当的部位抽生分枝。对于部分过密的长枝，在适量疏枝的基础上，少量可用重或极重短截，第2年再用摘心等复剪措施培养结果枝组。对于一部分背上直立的强枝和强的中枝，也可采用极重短截等复剪措施，培养结果枝组。对于长势偏弱的成龄树，可适当采用中短截，减少生长点，促进长势，一部分长果枝和混合芽，可采用轻、中短截，提高坐果率。

（2）缓放　对一年生枝条不加修剪或仅破顶，任其自然生长，称为缓放。缓放是大樱桃幼树与初果期树整形修剪过程中常用的修剪方法，有利于缓和枝势和树势，减少长枝数量，有利于花束状短果枝的形成，促进花芽形成，提早结果。使用时应因枝制宜，幼树期间主要缓放中枝和角度较大的枝，直立强旺枝和竞争枝缓放后，长势旺，加粗快，必须将其拉至水平或下垂后再行缓放。缓放应掌握幼树缓平不缓直，缓弱不缓旺，盛果期树缓壮不缓弱，缓外不缓内的原则。

（3）疏枝 把一年生或多年生枝从基部去掉称为疏枝。疏枝可以很好地改善冠内风光条件，削弱或缓和顶端优势，促进骨干枝中后部枝条、枝组的长势和花芽发育。疏枝主要是疏去树冠外围过多的一年生枝、过旺枝、轮生枝、过密的辅养枝或扰乱树形的枝条，无用的徒长枝、细弱枝、病虫枝等，大樱桃树不可一次疏枝过多，应尽量不疏或少疏大枝，以免造成过多、过大的伤口而引起流胶或伤口干裂，削弱树势。疏除大枝的最佳时间是在果实采收后的 6 月中下旬。

（4）回缩 剪去或锯去多年生枝的一段称为回缩。适当回缩，能够促进枝条转化、复壮长势，促使潜伏芽萌发，主要用于结果枝组复壮和骨干枝复壮更新上。回缩的对象一般是生长过弱的骨干枝或缓放多年的下垂枝、细弱枝，后部光秃的、需要更新复壮的结果枝组。对一些内膛、下部的多年生枝或下垂缓放多年的单轴枝组，不宜回缩过重，应先在后部选择有前途的枝条短截培养，逐步回缩，待培养出较好的枝组时再回缩到位。否则若回缩过重，因叶面积减少，一时难以恢复，极易引起枝组的加速衰亡。

2. 夏季修剪

是指从春季萌芽至秋季落叶以前这一时期的修剪，主要修剪方法有：刻芽、摘心、扭梢、拿枝、拉枝等。夏季修剪减少了新梢的无效生长，可调节骨干枝角度，改善光照条件，使树体早成形、早成花、早结果。

（1）刻芽　在芽的上方，造一道横向的伤口，深达木质部，称为刻芽。刻芽能够提高萌芽率和成枝力，有利于培养健壮的中小型结果枝组，是大樱桃早果丰产的一条行之有效的措施。刻芽的时间是在大樱桃芽膨大期，在芽的上方 0.5～1cm 处，用钢锯条横拉一下，弧长为枝条周长的 1/3。甩放的大枝间隔 2～3芽刻两侧芽，不刻背上和背后芽。中干延长枝在需发枝的部位进行刻芽促发长枝。

（2）摘心　在新梢木质化以前，摘除先端的幼嫩部分称为摘心。摘心可增加枝叶量，减少无效生长，促进花芽形成，提高坐果率和果实品质。摘心的时间和方法视目的而定。如果以扩大树冠，增加分枝，培养骨干枝为目的，可在新梢长到所需长度摘去 10cm 左右，试验表明，摘心较晚，摘留长度较长，则促发分枝数较多。树势旺时，年内可摘心 2 次，但不要晚于 7 月下旬，否则新梢不充实易受冻而抽干，两次摘心可增加发枝数量。如果以抑制外围和背上新梢旺长促分枝，加速枝组培养和促花芽形成为目的，可在新梢长到 10～15cm 时，留 5～10cm 摘心，2 次新梢旺时，可连续摘心，往往当年即可成花，形成结果枝。开花坐果后，如抽生新梢过多，尤其是一部分短枝和中枝转化的长枝，必须及时摘心控长，以减少生理落果。

（3）扭梢　在新梢未木质化时，用手捏住新梢的中下部反向扭曲 180°，使新梢水平或下垂，这种复剪方法称为扭梢。扭梢通过改变新梢的生长方向，缓和枝势，促进花芽分化。扭梢过早，新梢柔嫩，尚未木质化，易折断。扭梢过晚，新梢已木质化，皮层与木质部易分离，也易折断。扭梢的最佳时间是新梢长到 20～30cm 未木质化时进行，用手握住基部 5～10cm 处，轻轻旋转，伤及木质部和皮层但不折断。

（4）拿枝　对旺梢逐段捋拿，伤及木质而不折断称为拿枝。拿枝是控制一年生直立枝、竞争枝和其他壮营养枝的有效方法。5～8月皆可进行,从枝条的基部开始,一只手将新梢固定,另一只手开始折弯,向上每5cm弯折一下,直到先端为止。如果枝条长势过旺,可连续进行数次,枝条即能弯成水平或下垂状,经过拿枝,改变了枝条的姿势,削弱了顶端优势,使生长势大为减弱,有利于花芽分化。

(5)拉枝 用铁丝、绳等将枝条拉至所要求的方位和角度称为拉枝。通过拉枝,可以开张主枝角度,削弱极旺生长,缓和树势,促发短枝,促进花芽分化,防止结果部位外移。多年生枝每年春季树体萌芽后到新梢开始生长前这段时间拉枝,此时,各级枝条处于最软最易开角的阶段,不易劈裂,当年新梢以9月份拉枝为好。拉枝时,绳索与被拉枝条间最好用胶皮等物垫一下,防止绳索或铁丝绞缢进枝内。拉枝要将枝条拉至水平,严禁出现弓背,造成背上冒条。

3. 结果枝组的培养

(1)小型结果枝组的培养 当一个结果枝所处的空间较小或在主枝的先端及背上时,宜培养成小型结果枝组,方法是在生长季节进行连续摘心或扭枝,然后缓放,背上的强旺枝冬季进行极重短截,促发水平枝或斜生枝,生长直立的枝拿枝处理。

(2)大中型结果枝组的培养 当一个枝处的空间

较大时，冬季修剪先行中短截，一般能萌发 3～4 个枝，夏季对背上枝扭梢，水平或斜生的中长枝连续中度摘心，短枝缓放，第 2 年冬对强旺枝重或极重短截，中、短枝缓放。

五、土、肥、水管理技术

土、肥、水管理，是设施甜樱桃栽培管理的重要环节，是决定设施甜樱桃产量和质量的重要前提。俗话说，长与不长在于水，长好长坏在于肥，做好肥水管理工作，才能实现多结果，结好果的目的。

从定植到扣棚或加盖温室之前，甜樱桃在田间露地生长 3～5 年，按露地肥水要求进行管理。当甜樱桃进入保护地栽培后，这时肥水的供应要随着产量的增加而增加。肥水的主要管理期在露地时段生长期。

摘果后撤大棚膜露天生长期，这段时间由于营养生长旺盛，可以适度控制浇水的量和周期，结合修剪管理，以免影响花芽分化。7～8 月中上旬，出现持续高温干燥天气时，易导致部分花芽雌蕊过度分化，来年出现畸形果数量较多，该时期应勤于叶面补充某些能够提高抵抗能力的中微量元素和功能性多糖类叶面肥，对减轻畸形果的发生有明显作用。如 0.2％磷酸二氢钾＋疏调钙 600 倍＋润丰宝 500 倍。

(一) 施肥

以有机肥为主,化肥为辅,改善土壤的物理环境。定植时施足有机肥,建园后的 2~3 年内,要加强肥水管理,促进树体生长,增加枝量,扩大树冠,尽早结果。结果后,肥水的供应随产量的提高而增加。

棚内果实生长期:棚内这段时期的肥水管理并不复杂,肥水的主要管理期并不是在这一时期,而是在露地时段生长期。因为,棚内从萌芽到幼果生长期是集中营养消耗期,几乎是全靠树体的储藏营养,由于棚内地温偏低,根系生长较为缓慢,加之光照相对偏低,从而导致光合产物交换速率偏低,极易出现较为严重的生理落果现象。所以,应加强露地生长阶段的肥水并做好合理的修剪、调控树势、做好植保等各方面的综合管理。

摘果后撤大棚膜露天生长期:应注重采果后和秋季 9~10 月这两个时期。设施栽培甜大樱桃应夏施基肥,即采果后施入,又叫月子肥,普遍认为此时不仅要追肥,并且量要大,大量元素要全,有些人认为只用化学肥料就行了。其实不然,果实是消耗了很多养分,可在棚内时期所追的磷钾肥料还没有被充分利用,继续大量追施是一种浪费;氮肥可以适量追施,由于撤膜后光照充足，树体会出现营养补偿性生长，需要适度补充部分氮肥。氮肥利用和流失较多，也不宜过多追施。针对保肥水能力较好的土壤，可适度追施部分有机肥、生物菌肥、中微量元素肥和氨基酸类肥料或少量氮肥。作为黏土壤、沙土地更要注重有机肥和生物菌剂及微量元素肥的用量。盛果期大树每亩施优质土杂肥或腐熟有机肥2500～5000kg。萌芽前追一次复合肥，每株追施0.5kg（图5-4）。结合追肥开沟浇小水。生长期喷3～5次叶面肥，如尿素、硼砂、稀土微肥、光合微肥等，盛花期喷2次0.3％硼砂，促进坐果。并根据树体缺素情况喷施相应的元素，加以补充宜于花芽分化和对缺素症的防治。

　　秋季9～10月份，基肥和叶面补肥尤为重要。基肥视当年的气候情况，宜早不宜迟，肥料的种类主要以有机肥、氮、磷、钙、硼、锌、镁和生物菌剂为主，有机肥量要大，应用充分腐熟好的农家肥时，如牛粪、羊粪、猪粪、兔子粪等，每亩用量 $5～8m^3$，商品有机肥每亩不少于500kg，氮肥以尿素为例，每亩用量50～100kg；磷肥以磷酸一铵或磷酸二铵为例，每亩用量50～80kg；要是用过磷酸钙则每亩100～200kg；钙及硼、锌等可选用成品的中微量元

图 5-4 大樱桃穴施肥

素肥。追肥的方法，对健壮的树体可进行开沟断根法；偏弱树体应采用放射状或间断弧形状以免伤根过多，其本身根系活性较低，若发不出新根易死树，追肥后应及时浇水。

进入 10 月份，特别要重视叶面追肥，落叶前一般要喷施 3～4 次，分别为：前两次喷施 1％尿素＋0.3％磷酸二氢钾＋疏调钙 600 倍＋络合铁 600 倍；第三次喷施 3％～5％尿素；最后一次在霜降前一周左右，将尿素浓度加大到 10％～15％，促进叶片老化，加速脱落。

（二）灌水

棚室甜樱桃的浇水与露地不同。水量大，不仅能引起棚室内空气湿度增高，影响授粉受精和加重病害侵染，而且易引起枝梢叶片徒长，造成大量落果。果实膨大期灌水过多易发生裂果；果实着色期土壤水分急剧变化会加重裂果，且品质下降。因此，棚室栽培大樱桃，要掌握"少浇勤浇、量小次多、土壤湿润、空气干燥"的原则。山东烟台福山果农的经验是：一般发芽前开沟浇，保持地面干燥，使地温少下降；开花期局部浇，每次浇树冠的一半；花后半月内不浇水，控制新梢生长；果实膨大期选择晴天适量浇水，促进果实膨大；成熟期采取沟灌或局部浇灌，以防裂果。

大樱桃既喜水又怕涝，多雨季节一定要做好排涝工作。2013 年，烟台地区持续 28 天的降雨，造成几百万株大樱桃不同程度受害，有的成片死亡，带来巨大经济损失。建议采用高畦栽培、留排水沟相结合的栽培模式，并选用耐涝性较好的砧木，如考特（Colt）、马哈利砧等。由于调查发现，有些砧木耐涝性要好一些，如考特（Colt）等，但同时与高畦栽培、留排水沟相结合最为可靠。另一方面，棚内高畦栽培的地温要比平地栽培高 2～3℃，再配套微灌技术，可较好地调控棚内湿度，从而减轻裂果及树体流胶病。

第六章

樱桃设施栽培的
病虫害防治

设施樱桃病虫害发生特点。①发生时间提前，危害期延长。露地情况下，大樱桃在3月下旬萌芽。在设施内1月下旬至2月上旬萌芽，提前了60天左右。因此，一些病虫害的发生时间也随樱桃的物候期而提前，其中桑白蚧、细菌性穿孔病表现最明显。山东省露地桑白蚧1年发生2代，设施内则可发生3代。②个别病虫害在扣棚期间为害加重，由于湿度大，通风差，加上谢花后花瓣不能及时脱离果实，危害果实和叶片的灰霉病发生极为严重。同时，为了减少化学农药对传粉蜜蜂和壁蜂的伤害，以及农药对果实的污染，果实采收前一般不喷洒杀虫、杀菌剂，果实采收后，果农往往放松病虫害管理，造成夏秋季节桑白蚧、红蜘蛛、叶蝉和穿孔性褐斑病为害加重。

一、樱桃设施栽培主要病害及防治

（一）樱桃真菌和细菌病害及防治

1. 细菌性穿孔病

细菌性穿孔病是由黄单胞杆菌［*Xanthomonas pruni*（smith）Dowson］或假单胞杆菌（*Pseudomonas syringae* pv. van Hall）侵染引起的，病菌单独或混合侵染，可为害叶片、新梢及果实。严重时引起早期落叶。

叶片受害时，初期产生水渍状小斑点，后逐渐扩大为圆形或不规则形状（图6-1，彩图），呈褐色至紫褐色，周围有黄绿色晕圈，天气潮湿时，在病斑背面常溢出黄白色黏质状的脓液。病斑脱落后形成穿孔，或仍有一小部分与健康组织相连。发病严重时，数个病斑连成一片，使叶片焦枯脱落。

图 6-1　细菌性穿孔病

为害枝梢时，病斑有春季溃疡和夏季溃疡两种类型。春季展叶时，上一年抽生的枝条上潜伏的病菌开始活动为害，产生暗褐色水渍状小疱疹，直径2mm左右，以后扩大到长1～10cm，宽不超过枝条直径的一半。春末夏初，病斑表皮破裂，流出黄色菌浓。夏末，于当年生新梢上，以皮孔为中心，形成水渍状暗紫色病斑，圆形或椭圆形，稍凹陷，边缘水渍状，病斑很快即干枯。

为害果实时，初期产生褐色小斑点，后发展为近圆形、暗紫色病斑，病斑中央稍凹陷，边缘呈水渍状，干燥后病部常发生裂纹。天气潮湿时病斑上出现黄白色菌脓。

[发病规律]　该病源菌在枝条组织溃疡病斑内越冬，次年春季樱桃萌芽时，潜伏在病组织内的细菌开始活动，樱桃开花前后，细菌从病组织中溢出，借风雨或昆虫传播，经叶片的气孔、枝条皮孔侵入。露地栽培多于 5 月中下旬开始发病，夏季如果天气干旱，病势进展缓慢，到 8～9 月秋雨季节发病较为严重。温暖、多雾或降水频繁，适于发病。树势衰弱或排水不良、偏施氮肥的果园发病重。

[防治技术]

（1）农业防治　加强栽培管理，增施有机肥，避免偏施速效氮肥。果园及时排水，合理修剪，使通风透光良好，以降低湿度。秋季结合修剪去除病枝，彻底清除园内枯枝、落叶、杂草，并集中处理。

（2）药剂防治　树体发芽前全树均匀喷布 4～5°Be 石硫合剂，或 1∶1∶100 波尔多液，50％福美双可湿性粉剂或 50％退菌特可湿性粉剂 100 倍液。果树生长季节，从坐果开始，每隔 10 天喷一次 72％

农用链霉素 3000 倍液，或 70％代森锰锌可湿性粉剂 600 倍液，或 70％福美双可湿性粉剂 600 倍液。

2. 根癌病

又名根瘤病、冠瘿病等。是由土壤中的根癌土壤杆菌通过植物根或茎的伤口入侵后形成的。这种菌在土壤中的含量极为丰富，世界各地均有发生，而且寄主相当广泛，可侵染 93 科 331 属 643 种高等植物，根癌农杆菌为根癌病的病原菌，它又可分为根癌土壤杆菌（原生物型Ⅰ）、发根土壤杆菌（原生物型Ⅱ）和葡萄土壤杆菌（原生物型Ⅲ）3 个种。生物Ⅰ型寄主范围较广泛，生物Ⅱ型寄主主要是核果类植物，生物Ⅲ型是从葡萄中分离得到的。中国农业大学的王慧敏等从山东、河北、辽宁等地的樱桃园的樱桃冠瘿瘤和土壤样品中得到的 46 株根癌土壤杆菌全部为胭脂碱型 Ti 质粒，对放射土壤杆菌 K84 产生的土壤杆菌素敏感。烟台农业科学院从烟台当地分离到的樱桃根癌病原细菌以 *A. tumefaciens* 生物Ⅱ型为优势种群，占 69.75％；生物Ⅰ型占 30.25％。

樱桃根癌菌在 LB 培养基上均呈具有光泽、稍隆起、边缘完整、半透明、呈乳白色的黏稠圆形菌落。发育最适温度为 25～28℃，最高 37℃，最低 0℃，致死温度为 51℃。发育最适酸碱度 pH＝7.3，耐酸碱范围为 pH＝5.7～9.2。60％的湿度最适宜病瘤的形成。

[发病规律] 樱桃根癌病的发病机理，是土壤中的根瘤农杆菌通过根系伤口侵入，导入 T～DNA，与樱桃根系细胞 DNA 结合，此基因表达，引起细胞的不断分离复制，在侵染部位形成肿瘤。根癌病的发病期较长，6～10 月均有病瘤发生，以 8 月发生最多，10 月下旬结束。土壤湿度大有利于发病，土温 18～22℃最适合病瘤的形成。土质黏重、排水不良时发病重，土壤碱性发病重，土壤 pH 值在 5 以下时很少发病。

根癌病菌主要存在于病瘤组织的皮层，在病瘤外层被分解、破裂之后，病菌进入土壤中，雨水和灌溉水均可使其传播。根癌病菌可在土中存活一年以上。地下害虫和线虫也可传播病菌。苗木带菌是远距离传播的主要途径。

根癌病可发生在树体的多个部位，通常见于根颈处、侧根及主根上、嫁接口处（图 6-2，彩图）。病瘤为球形或不规则的扁球形，初生时乳白至乳黄色，逐渐变为淡褐至深褐色。瘤内部组织初生时为薄壁细胞，愈伤组织化后渐木质化，瘤表面粗糙，凹凸不平。往往几个瘤连接形成大的瘤，导致树体衰弱，大

图 6-2 根癌病

根死亡，树干枯死继而引起全株死亡。侧根及支根上的根瘤不致马上引起死树，栽培条件改善，植株健壮的根瘤往往自行腐烂脱落，不再影响植株生长发育。

具有根癌病的植株，由于树势衰弱，长梢少，往往形成大量短枝并形成大量花芽，根癌病较轻时，可正常开花结果，且坐果率很高，但花期略晚，展叶亦迟。果实可正常发育。根癌较重时，在果实发育硬核期造成植株突然死亡。

［防治技术］ 樱桃树体一旦感染根癌病后，没有药剂可以治疗。根癌病的防治重点在于预防。可以从以下几个方面着手。

（1）选用抗根癌病砧木 马哈利和烟台农科院选育的优系大青叶，是高抗樱桃根癌病的砧木。

（2）做好定植前准备 不在重茬地育苗，不用带瘤苗木建园，苗木定植前用根瘤宁3号（由中国农业大学研制的类似K84的生物菌制剂）2倍或农用链霉素1000倍进行蘸根。

（3）栽培管理技术 田间除草、施肥等作业时尽量防止造成伤口；改良碱性土壤，施用偏酸性的肥料；降低地下水位、改良黏质土壤；使土壤环境不利于病菌生长。采取滴灌、渗灌等技术，防止病菌随水传播。大量施用含有益活性菌的生物有机肥，改善土壤微生物结构。

3. 樱桃褐腐病

又称菌核病、灰腐病等，是一种世界性病害。开花期和果实成熟期潮湿温暖的地区发生较重。20世纪90年代以来，该病害在山东、江苏、陕西、浙江等地均有发生。樱桃褐腐病由真菌链核盘菌属（*Monilinia* spp.）侵染所致，主要有3个种：核果链核盘菌［*Monilinia laxa*（Aderh. et Ruhl.）Honey］、美澳型核果链核盘菌［*M. fructicola*（Wint.）Honey］和果生链核盘菌［*M. fructigena*（Aderh. et Ruhl.）Honey］，3种褐腐病菌常见的均为无性阶段，属于半知菌亚门、丝孢纲、丝孢目、丛梗孢属（Monilia）真菌。该菌还可危害桃、杏、李、梅等核果类果树，主要危害花和果实，引起花腐、果腐和叶枯。病菌主要以菌丝体在僵果或病枝溃疡部越冬，翌年春僵果及病斑表面产生大量分生孢子或形成假菌核，借风雨或昆虫传播。因具有潜伏侵染特性，可严重危害储运期果实。

果实发病初期，果面形成褐色圆形斑点，逐渐扩展蔓延，后期病斑蔓延至全果，使果肉变褐软腐；湿度大时，病部表面产生同心轮纹状排列的灰褐色绒球状霉丛，最后病果大部或完全腐烂脱落。在田间，病果腐烂或干缩成僵果悬挂枝上经久不落（图 6-3，彩图）。大樱桃生长前期，褐腐病还可危害花器，引起花腐。发病初期，花器渐变成褐色，直至干枯，后期病部形成一层灰褐色粉状物。通常落花后 10d 左右，引起幼果发病；而在果实接近成熟期，病害发生

图 6-3　褐腐病

严重。

病原菌主要经虫伤、机械伤侵染果实，也可通过表层气孔直接侵入；而且在温暖多雨多雾的环境中，病菌更易侵染和传播。田间虫害频发、温暖潮湿条件下，发病严重。

［防治技术］

（1）农业防治　清扫地面落叶、落果，集中深埋，以消灭越冬菌源。合理修剪，保持通风透光。保护地栽培的樱桃树，应及时通风换气，降低棚内湿度，创造不利于病害发生的条件。

（2）药剂防治　樱桃树芽萌动前，全树均匀喷布 $4\sim5°Be$ 石硫合剂或 $1:1:100$ 波尔多液，铲除枝条上越冬的病源。从发芽展叶期开始，每隔 $7\sim10$ 天喷布一次 50%腐霉利可湿性粉剂 1500 倍液，或 50%异菌脲悬浮剂 1000 倍液，或 43%戊唑醇悬浮剂 3000 倍液，或 70%甲基硫菌灵可湿性粉剂 800 倍液，或 50%多菌灵可湿性粉剂 600 倍液。

4. 樱桃根颈腐烂病

也称樱桃立枯病。是由真菌引起的一类土传病害。国外报道为疫霉菌引起，烟台农科院从病树上分离到撕裂蜡孔菌（*Ceriporia lacerata*），并能引起病症。此菌在 pH 值 $3.0\sim11.0$ 均能生长，在 pH 值

4.0～7.0生长较快，生长最适宜pH值为6.0，最适生长温度为32～34℃。最高生长温度38℃，致死温度42℃。

在大樱桃的根颈处发病，树体发病初期不易察觉，一般侵染3～5年树开始表现症状。树叶发黄卷曲时，扒出根颈部位后观察，根颈部位皮多腐烂一周。发病部位树皮，褐色、腐烂（图6-4，彩图）。开花坐果后，树体进一步衰弱，雨季过后，发病严重的树，整株死亡。同一果园中，先锋品种比其他品种易感病，发病严重果园，所有品种都可感病。低温冻害、高温日烧、喷施除草剂的果园易发病，死亡树体周边树易感病。除在根颈部位危害外，到发病后期，向树的上部延伸。

图6-4 根颈腐烂病

［预防措施］

（1）改良土壤　培肥砂质土壤，改良黏重土壤，改良土壤菌群结构。

（2）完善果园排灌系统　采用滴管或喷灌，实行台式栽培，避免病菌传播。

（3）喷药剂　树盘喷药剂、撒石灰粉。

（4）做好根颈防护工作　春季晾晒根颈部位，初冬时筑土保护根颈部位。

［治疗措施］　发现病树后，彻底刮除腐烂部位，涂药防治，药剂可选用 200 倍多菌灵或 1000 倍戊唑醇，处理后把病害部位暴露在空气中。同时用 500 倍多菌灵或 1000 倍戊唑醇进行灌根处理，根据树体大小，每株树灌 5～10kg。在 5 月份和 7 月份再进行一次。

5. 樱桃褐斑病

大樱桃褐斑病是全国大樱桃产区的一种重要病害，由核果钉孢菌（*Passalora circumscissa*）引起。该病主要危害叶片，影响树势强弱和以后的果实产量，发生严重果园在 8 月份时即可导致所有叶片落光。而且还可侵染桃和樱花，引起桃褐斑穿孔病、樱花褐斑病等病害。

［病害症状］　大樱桃褐斑病初期在嫩叶上形成具

有深色中心的黄色斑，逐渐病斑边缘变厚并呈黑色或红褐色，病斑近圆形、浅黄褐色至灰褐色，边缘紫红色（图6-5，彩图）。常多斑愈合，并随着中心生长、干化和皱缩，最终脱落形成孔洞。病斑多时常使整个叶片变黄，引起早期落叶，严重时可导致当年秋季第二次开花。病害发生、发展程度与降雨具有紧密关系。

图 6-5 褐斑病

[发病规律] 该病菌主要以菌丝体或子囊壳在病组织内越冬。褐斑病烟台露地发生始于6月下旬或7月初，陕西西安为5～6月份。病害发生1个月，始见褐斑病菌分生孢子。此后病叶率和病情指数不断增

加。发病程度与树势强弱、降雨量、果园立地条件和大樱桃品种有关。树势弱、降雨量大而频繁、地势低洼、排水不良、树冠郁闭、通风透光差的果园发病重。意大利早红褐斑病发生严重，先锋、红灯和拉宾斯发病较轻。

［防治技术］

（1）加强管理　增强树势，提高树体的抗病能力，重视增施有机肥和配方施肥，确保树体营养平衡。结合冬季修剪，彻底清除园内的枯枝、落叶、落果，剪除病枝病梢，集中烧毁，消灭越冬菌源。注重夏剪为主，搞好周年修剪，改善果园通风透光条件，降低果园湿度，创造不利于病害发生的生态环境。

（2）做好树体消毒　于甜樱桃萌芽前，对树体淋湿式喷 1 次 5°Be 石硫合剂或 10 倍的 45％晶体石硫合剂，消灭树体上潜伏的越冬菌源，同时兼治其他越冬害虫。

（3）药剂防治　应重点抓好采果后的用药，采果结束后立即喷药。最好选用等量式 200 倍的波尔多液喷洒保护，隔 15～20 天再喷 1 次。实践证明：波尔多液是防治甜樱桃褐斑穿孔病最有效的药剂，治病保叶效果优于其他杀菌剂，而且可以兼治多种真菌、细菌病害。但应注意，配制波尔多液的原料要保证质量，随配随用。喷药尽量避开高温高湿天气，喷匀喷透，特别是叶背面要充分着药。以后可根据病情发展和天气情况，适当选择其他杀菌剂进行保护和治疗。注意雨前选保护性杀菌剂，雨后选内吸性杀菌剂。常用的保护性杀菌剂有：70％代森锰锌600倍液、70％安泰生800倍液、80％喷克800倍液、70％品润800倍液、75％百菌清500～800倍液。常用的内吸性杀菌剂有：60％百泰水分散剂1500倍液、50％异菌脲1000倍液、10％苯醚甲环唑2000倍液、25％戊唑醇2000倍液等。一般连喷2～3次，每7～10天喷1次。特别是25％戊唑醇（金库）不仅对甜樱桃褐斑病治疗作用突出，而且对多种真菌病害具有广谱性，已被甜樱桃产区普遍推广应用。

6. 流胶病

流胶病是危害甜樱桃最严重的病害之一，轻者造成树势衰弱，重者枝干枯死，造成死树。发病原因复杂，规律难以掌握，不易彻底防治。

甜樱桃流胶病在国外又称为细菌性溃疡病，美国康奈尔大学认为致病菌主要有两种，一种为丁香假单胞菌，另一种称为核果细菌性溃疡病菌。二者皆为细菌类病原。该致病菌喜冷凉气候，在6℃时即可侵染，12～21℃为侵染盛期。雨水可使病原物迅速散布到易感组织如气孔、冻害部位等。露水、降水及灌溉形成的滴露和湿度是该植物附生性致病菌繁殖的必要条件。枝干被侵染产生的溃疡部位还会被另一种次生的半知菌亚门壳囊胞属的苹果腐烂病菌再次侵染。病菌真菌相互交织，使防治难度加大。

青岛农业大学董向丽从烟台、青岛等地樱桃流胶病树上分离鉴定出 7 个病原真菌能引起流胶，分别是贝伦格葡萄座腔菌（*Botryosphaeria berengeriana*）、细极链格孢菌（*Alternaria tenuissima*）、拟茎点霉（*Phomopsis* sp.）、黑腐皮壳属苹果腐烂病病菌（*Valsa ceratospora*）、尖孢炭疽菌（*Glomerella acutata*）、胶孢炭疽菌（*Colletotrichum gloeosporioides*）和镰刀菌（*Fusarium* sp.），其中葡萄座腔菌和细极链格孢菌为主要致病菌，它们在果园中出现的频率达 61.9%。

还有人认为流胶病是一种生理病害，整个生长季节都可发生，进入雨季尤其是新梢停止生长后，经过长期干旱偶降大雨或大水漫灌时，流胶严重。土壤黏重、长期过于潮湿或积水均易引起流胶。偏施氮肥也易引起流胶。枝干病害、虫害、冻害、日烧及其他机械伤口，也易引起流胶。

[症状特征]　发病部位多在主枝和主干，嫩梢顶

端也可受害。枝干受害后，侵染点环绕皮孔出现凹陷病斑，下部皮层变褐坏死，从中渗出胶液（图 6-6，彩图）。初期流出的树胶呈胶冻状，为半透明、淡黄色，进一步变深褐色，最后变为坚硬的琥珀色胶块。发病部位的皮层腐烂，呈褐色，如果枝干出现多处流胶，或者病疤环绕枝干一周将导致以上部位死亡。

图 6-6　流胶病

[防治技术]

（1）建园　选择地势高、透水性好的沙质壤土建园。采用起垄高畦栽培模式。采取滴灌、渗灌或沟灌，禁止大水漫灌。雨季及时排水，严防园内积水。增施有机肥，改善土壤结构。

（2）提高树体抗病性　增强树势、合理负载。配方施肥，控制氮肥用量。采取综合的栽培管理措施，保证植株健壮生长，维持中庸树势。防治枝干病虫害、冻害、日烧等，尽量减少机械伤口，修剪造成的较大伤口涂保护剂，主干与大枝涂白等。

（3）化学防治　秋季落叶和早春休眠期喷铜制剂或农用链霉素 3～4 遍，铲除细菌性病原。萌芽前，喷布 5°Be 石硫合剂或 40％氟硅唑 500 倍、21％菌之敌（过氧乙酸）100 倍、5％辛菌胺（菌毒清）50 倍液。采果后，结合防治叶部病害，喷 3～4 次的 40％的氟硅唑 4000 倍。在早春，刮去胶斑，涂抹 40％氟硅唑 200 倍或 21％的过氧乙酸 5 倍液。

7. 樱桃灰霉病

樱桃灰霉病由灰葡萄胞属的一种真菌（*Botrytis cinerea* Pers.）侵染引起，设施栽培果树受害最重，主要为害樱桃花序、叶片、幼果和嫩梢。

[症状特征]　该病菌首先侵害花瓣，特别是即将脱落的花瓣，然后是叶片和幼果。受害部位首先表现为褐色油浸状斑点，以后扩大呈不规则大斑，其上产生灰色毛绒霉状物。果实受害后变褐坏死腐烂，病部

褐色稍凹陷，然后着生毛绒霉状物，最后软化腐烂干缩（图 6-7，彩图）。

图 6-7　灰霉病

[发病规律]　灰霉病菌以菌核、菌丝体或分生孢子在病残体内越冬，第二年春季产生分生孢子，借气流、雨水、昆虫传播。病菌生长适温为 15～20℃，露地栽培条件下，花期或果实近成熟期遭遇低温、阴雨易于发病。保护地栽培时，棚内湿度过大、通风不良、温度过低或光照不足，极易发生此病，且流行迅速。在棚栽环境下，扣棚后病菌即可繁殖蔓延，由气流和雾水传播，在末花期至揭棚前均可发病。

[防治技术]

（1）农业防治　冬春季彻底清除树上树下病枝、僵果，消灭越冬菌源。保护地栽培，应及时通风换气，降低棚内湿度，创造不利于病害发生的条件。同时，在谢花期人工振摇树枝，促使花瓣从果实和叶片上掉落，减轻灰霉病发生。

（2）药剂防治 樱桃发芽前（芽萌动期）全树均匀喷洒 4～5°Be 石硫合剂或 1：1：100 波尔多液，铲除在枝条上越冬的菌源。发芽后，于发病初期向树上喷布 50％速克灵可湿性粉剂 1500 倍，或 43％戊唑醇悬浮剂 3000 倍，10～14 天后再喷洒一次，连续喷洒 3～4 次。大棚内灰霉病侵染发生期，可用烟雾剂熏蒸大棚，即每 667m² 大棚用 10％速克灵烟雾剂 400g，在树的行间分 10 个点燃烧，封棚 2h 以上再通风。

（二）樱桃病毒病及防治

病毒病是由病毒引起的一类病害，是可影响樱桃的产量、品质和寿命的一类重要病害，植株一旦感染不能治愈。据国外报道，目前樱属病毒主要有 68 种，其中可以侵染甜樱桃的病毒约 34 种，比较常见的樱桃病毒主要有 20 种。中国报道的有李属坏死环斑病毒（PNRSV）、李矮缩病毒（PDV）、苹果褪绿叶斑病毒（ACLSV）、樱桃锉叶病毒（CRLV）、樱桃病毒 A（CVA）、樱桃绿环斑病毒（CGRMV）、樱桃小果病毒（LChV-2）、樱桃卷叶病毒（cherry leaf roll virus，CLRV）等。其中，李属坏死环斑病毒、李矮缩病毒、樱桃小果病毒三类对樱桃的危害最大。

1. **李属坏死环斑病毒**（Prunus necrotic ring spot virus，PNRSV）

PNRSV 是 1932 年在李和桃树上首次发现的，它可以引起环斑病害，随后在世界范围内广泛传播。该病毒主要侵染欧洲甜樱桃、酸樱桃、桃、苹果、杏和洋李等李属和蔷薇属植物。PNRSV 是分布最广、经济上危害最严重的李属病毒。其症状与病毒株系、寄主品种的感病性以及环境条件有关。PNRSV 主要株系有坏死环斑株系（Nicrotic ringspot），樱桃重生环斑株系（Cherry recurrent ring spot），樱桃史德克伦堡株系（Cherry Stecklenber），樱桃病毒 L 株系（Cherry L），费尔通樱桃 E 和 G 株系（Fulton's cherry E and G），扁桃印花株系（Almond calico），洋李同心环斑株系（Plum concentric ring spot），洋李黄环斑株系（Plum yellow ring spot），洋李睡莲线纹斑驳株系。常见的危害症状包括坏死环斑、碎叶、带状叶、粗花叶，有时还会产生耳突，病叶出现坏死斑，中间部分坏死、脱落形成穿孔（图 6-8，彩图）。

该病毒主要通过种子、花粉、线虫等传播，也可以通过受侵染的植物繁殖材料的调运，进行远距离传播。

图 6-8 李属坏死环斑病毒病

2. 李矮缩病毒 (Prunus dwarf virus，PDV)

分布在欧洲、美洲、日本、澳大利亚和新西兰等李属果树种植区。

主要侵染欧洲甜樱桃、洋李、桃、圆叶樱桃、樱花、梨等植物。

PDV 可引起樱桃黄花叶病、樱桃褪绿环斑病，与 PNRSV 侵染植物的症状相似，造成樱桃树发育不良、叶片细长畸形、产生褪绿坏死环斑、黄化、花叶等症状（图 6-9，彩图）。李矮缩病由不同的 PDV 株系引发，又可以分为樱桃环斑驳病、樱桃环花叶病、樱桃褪绿环斑病、樱桃褪绿-坏死环斑病、樱桃黄花叶病和樱桃黄斑驳病六种类型。使樱桃树势衰落，极大地影响产量。在苗圃中可显著降低嫁接成活率。PDV 与 PNRSV 两种病毒常常造成复合侵染，从而

图 6-9　李矮缩病毒病

造成更严重的危害。

　　PDV 主要通过嫁接、种子、花粉传播。

　　3. 苹果褪绿叶斑病毒（Apple chlorotic leafspot virus，ACLSV）

　　ACLSV 主要侵染苹果、欧洲大樱桃、洋李、桃、加拿大唐棣、木瓜、山楂、李、西洋梨、葡萄等 8 个属 19 种植物。ACLSV 在中国发生普遍，对苹果、甜樱桃等造成严重影响，感染病毒后会使其生长量减少 16％～36％，产量降低 16％～60％，极大地危害果品产量和质量。ACLSV 可以单独感染（图 6-10，彩图），也可以与其他病毒复合感染果树，引起果树衰退病，苗木及嫁接的根、新梢、叶、花、果均表现出症状。例如，ACLSV 可以和 PNRSV 协同侵染，造成樱桃坏死线纹病，染病叶片上出现呈带状的褪绿斑最终坏死。

图 6-10 苹果褪绿叶斑病毒病

ACLSV 可以通过机械、嫁接、无性繁殖材料传播，也可通过种子传播。

4. **樱桃锉叶病毒**(Cherry rasp leaf virus，CRLV)

Bodine 等首次在野生樱桃上发现该病毒。樱桃锉叶病的症状是多样性的，正常叶的叶面为左右对称，叶片呈椭圆形，病叶表现明显的叶缘皱缩，严重的缺刻现象，形状变得极不规则（图 6-11，彩图）。在田间条件下，侵染还会诱发其他症状，包括：小

图 6-11　樱桃锉叶病毒病

叶、节间断缩、失绿黄化、叶脉白化、果实小、叶片背面突起等。对中国樱桃实生砧的 5 年生甜樱桃的衰弱症状检查发现，枝条韧皮部和形成层发生褐变，短枝很快枯死，大枝逐步死亡，最后整株枯死。CRLV自然寄主有欧洲甜樱桃、圆叶樱桃和苹果等，观赏性樱花可作为锉叶病毒的中间寄主，在甜樱桃栽培区不宜种植。

主要通过线虫传播，也可经嫁接、花粉、昆虫和螨类传播，包括叶螨、叶蝉等。

5. 樱桃病毒 A（Cherry virus A，CVA）

CVA 是 1995 年由 Jelkmann 在克隆 LChV 的 cDNA 时意外发现的，会与 LChV 复合发生，但并不影响 LChV 症状的表达。CVA 最初仅在英国发生，后来陆续传播到德国、加拿大和波兰等地。CVA 主要侵染欧洲甜樱桃、酸樱桃和杏等李属植物。CVA 作为一种典型的潜隐性病毒，寄主无明显症状，可通过嫁接传播。

6. 樱桃小果病毒（Little cherry virus，LChV）

樱桃小果病严重危害欧洲甜樱桃和酸樱桃，发生普遍，最初发现于加拿大英属哥伦比亚东部，在欧洲大部分地区和北美均有相关病例报道。2004 年波兰首次报道发现了 LChV-1。LChV 引起樱桃小果病症状复杂多变，表现程度常依季节、地区和果园的不同有很大的差异。典型症状有叶片边缘轻微卷曲（图 6-12，彩图），发病叶片在夏末和秋季变为红色或青铜色，侵染果实会使其不能完全成熟，着色不完全，产生斑点，果实小、畸形，收获时只有正常果实的 1/3～1/2 大小。受影响的果实呈现暗红色、三角状，口味下降，果实成熟过晚，据报道更易侵害具有暗红色果实的栽培品种。

LChV 通过汁液和昆虫介体传播，1986 年在加拿大发现新的传播介体为苹果粉蚧。

7. 樱桃卷叶病毒（Cherry leaf roll virus，CLRV）

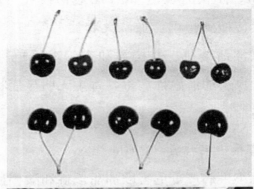

图 6-12 樱桃小果病毒病

　　首次报道于 1955 年，分布于美洲、中欧、西欧
等地。主要侵染欧洲大樱桃、大黄、接骨木、美洲榆
等植物。樱桃卷叶病毒引起樱桃卷叶病，植株主要表
现为叶芽伸长和开花延迟而且生长脆弱，叶边向上卷
起（图 6-13，彩图），类似枯萎，部分叶片在生长时
期会变成紫红色或产生浅绿色的环斑，在同
PNRSV、PDV 造成复合侵染时，能够引起樱桃树势

图 6-13 樱桃卷叶病毒病

的快速下降，叶子变小，出现脉明、流胶现象。被侵染的树会在 5 年内死亡。Rowhani 等报道佛得角的胡桃木受到樱桃卷叶病毒侵染会导致茎干出现蚀斑，同样在马哈利酸樱桃和欧洲甜樱桃的根茎上会产生病斑，也可以在树的木质表面或在幼芽和初生根的鞘内，出现褐色的线形症状。

CLRV 可通过剑线虫、花粉、种子和嫁接传毒。

8. 樱桃绿环斑驳病毒（Cherry green ring mottle virus，CGRMV）

1937年在美国密歇根州的酸樱桃上首次发现了CGRMV，可侵染几种李属植物，包括酸樱桃、甜樱桃、樱花、桃、杏。该病毒在北美、欧洲、新西兰、非洲和亚洲等地区分布极广。

CGRMV感染酸樱桃导致叶片黄化、次脉周围暗色斑驳等症状，但在甜樱桃及其他李属作物上为潜隐性病毒，侵染后通常无症状。

[病毒传播途径] 病毒可以通过带毒的繁殖材料如接穗、砧木、种子、花粉等进行传播，也可以通过芽接、枝接等嫁接方式进行传播。通过花粉传播病毒是病毒病传播速度最快的方式，李属坏死环斑病毒、李矮缩病毒就是主要通过花粉传播的。蚜虫、地下线虫等害虫在带毒植株和健康植株上迁移为害，也是传播病毒病的主要途径之一。樱桃小果病毒可以通过根蘖传播，还可以通过叶蝉和苹果粉蚧传播。

[防治技术]

（1）隔离病源和中间寄主 发现病株要及时铲除，以免传染。对野生寄主也要一并铲除。观赏的樱花是小果病毒的中间寄主，在甜樱桃栽培区不要种植。

（2）防治和控制传播媒介 避免用带病毒的砧木和接穗来嫁接繁殖苗木，防止嫁接传毒；不用染毒树上的花粉来进行授粉；不用病树种子来培养实生砧木，因为种子也可能带毒；防治传毒的昆虫、线虫等，如苹果粉蚧、某些叶螨、各类线虫等。

（3）栽植无病毒苗木 通过组织培养，利用茎尖繁殖、微体嫁接得到脱毒苗木。要建立隔离区发展无病毒苗木，建成原原种、原种和良种圃繁殖体系，发展优质的无病毒苗木。

二、樱桃设施栽培主要虫害

（一）桃一点叶蝉

桃一点叶蝉又名桃小绿叶蝉、一点叶蝉、桃一点斑叶蝉，俗名浮尘子。属同翅目，叶蝉科。在国内长江和黄河流域果树上普遍发生。主要为害樱桃、桃、李、杏、苹果、梨、葡萄等果树，也为害月季、桂花、梅花等。

［形态特征］

（1）成虫 体长 3.0～3.3mm，全体黄绿色或暗绿色。头顶钝圆，顶端有一个小黑点，黑点外围有一白色晕圈，故名桃一点叶蝉。前翅淡绿色半透明，翅脉黄绿色；后翅无色透明，翅脉淡黑色（图 6-14，彩图）。

图 6-14 桃一点叶蝉成虫

（2）若虫　老龄若虫体长 2.4～2.7mm，全体绿色，复眼紫黑色，翅芽绿色。

（3）卵　肾形，长约 0.8mm，乳白色，半透明。

［为害症状］　以成虫、若虫刺吸植物汁液为害。早期吸食嫩芽、叶和花。落花后在叶片背面取食，被害叶片出现失绿白色斑点（图 6-15，彩图）。严重时全树叶片呈苍白色，提早落叶，使树势衰落，成虫产卵在枝条树皮内，造成枝干损伤（图 6-16，彩图），水分蒸发量增加，影响安全越冬，引起抽条或冻害，

图 6-15 桃一点叶蝉叶片为害状

图 6-16 桃一点叶蝉枝干为害状

影响次年花芽发育与形成。而且，还可以传播果实病毒病。

[发生规律] 由北向南，桃一点叶蝉1年发生3～6代。以成虫在落叶、杂草、石缝、树皮缝内越冬。次年春季，樱桃树萌芽时，开始上树为害，并在叶片主脉组织内产卵。卵多散产，若虫孵化后留下褐色长形裂口。若虫喜欢群居在叶背，受惊时横行爬动或跳跃。7～9月为一年中的盛发期，世代重叠，虫口数量多且为害严重。

[防治方法]

（1）人工防治　果树落叶后，彻底清扫园内杂草、落叶，集中深埋或投入沼气池，以消灭越冬虫源。利用成虫趋光性，设置星光灯诱杀成虫。

（2）化学防治　在春季樱桃树萌芽时发现叶蝉发生为害，用10％吡虫啉可湿性粉剂4000倍液，或3％啶虫脒乳油2500倍液，或25％吡蚜酮悬浮剂2000～3000倍液均匀喷洒叶片；夏季樱桃采果后，叶蝉发生初盛期，树上喷洒4.5％高效氯氰菊酯乳油2000倍液。

（二）樱桃瘿瘤头蚜

樱桃瘿瘤头蚜是一种只为害樱桃叶片的蚜虫。国内主要分布于山东、北京、河北、河南、浙江、辽宁。

[形态特征]　无翅雌成蚜体长 1.4mm，宽 0.97mm，头部黑色，额瘤明显，中额瘤隆起，体表粗糙。有翅雌成蚜的头、胸黑色，腹部色淡，腹管后斑大前斑小或不甚明显。

[为害症状]　以若蚜在叶片背面前端和侧缘刺吸取食（图 6-17，彩图），致使受害叶片正面形成肿胀隆起的伪虫瘿。虫瘿长 20～40mm，初为黄绿色，后变为枯黄色，5 月底发黑干枯。当一张叶片的虫瘿数量多达 4 个时，即可引起叶片脱落。

图 6-17　樱桃瘿瘤头蚜叶片为害状

[发生规律]　1 年发生 10 余代，以卵在樱桃一年生枝条上的芽腋处越冬。春季盛花期越冬卵开始孵

化，若蚜为害幼叶边缘背面，随后形成虫瘿，并在虫瘿内取食和繁殖。6月下旬开始出现翅蚜向园外迁飞，8月再迁回樱桃园，9月产生性蚜，10月在幼枝上产卵越冬。

［防治方法］

（1）人工防治　田间发现虫瘿，及时摘除虫叶，带出园外深埋或倒入沼气池。

（2）生物防治　自然界中，蚜虫的天敌有很多，主要以食蚜蝇、瓢虫、草蛉、小花蝽、蚜茧蜂为主，果园尽量不使用广谱、触杀性菊酯类和有机磷类杀虫剂，以免杀伤天敌。

（3）化学防治　樱桃树萌芽时，全树喷洒99.1%加德士敌死虫机油乳剂或99%绿颖乳油（机油乳剂）50倍液，杀灭越冬卵效果较好。樱桃谢花后7d左右，树上喷洒10%吡虫啉可湿性粉剂4000倍液或3%啶虫脒乳油1500～3000倍液，可有效防治该蚜。

（三）二斑叶螨

又名二点叶螨、白蜘蛛等，是20世纪80年代中期从国外传入我国的新害螨，主要为害樱桃、桃、李、杏、苹果等多种果树和农作物，寄主广泛。

[形态特征]

（1）成螨 雌成螨为椭圆形，长约 0.5mm，灰白色，体背两侧各有一个褐色斑块，越冬型雌成螨体色为橙黄色，褐斑消失。雄成螨呈菱形，长约 0.3mm。

（2）卵 圆球形，直径 0.1mm，初期为白色，逐渐变为淡黄色，有光泽。孵化前出现 2 个暗红色眼点。

（3）幼螨和若螨 幼螨半球形，黄白色，有 3 对足。若螨体椭圆形，黄绿色，体背显现褐斑，有 4 对足。

[为害症状] 二斑叶螨以成螨和若螨刺吸嫩芽、叶片汁液，喜群集叶背主叶脉附近，并吐丝结网于网下为害，被害叶片出现失绿斑点，严重时叶片灰黄脱落（图 6-18，彩图）。

[发生规律] 一年发生 8～10 代，世代重叠现象明显。以雌成螨在土缝、枯枝、翘皮、落叶中或杂草宿根、叶腋间越冬。当日平均气温达 10℃时开始出蛰，温度达 20℃以上时，繁殖速度加快，达 27℃以上时，干旱少雨条件下为害猖獗。二斑叶螨为害期是在采果前后，8 月份发生为害严重。从卵到成螨的发育，历期仅为 7.5d。成螨产卵于叶片背面。幼螨、

图 6-18 二斑叶螨危害拉网

若螨孵化后即可刺吸叶片汁液，虫口密度大时，成螨有吐丝结网的习性，成螨在丝网上爬行。

[防治方法] 清除枯枝落叶和杂草集中烧毁，结合秋春树盘松土和灌溉消灭越冬雌虫，压低越冬基数。

落花后喷一次 0.5％海正灭虫灵 3000 倍液，在害螨发生期用 1.8％齐螨素乳油 4000 倍液或 15％辛·阿维乳油 1000 倍液防治。无论是哪种药剂，都必须将药液均匀喷到叶背、叶面及枝干上。发生严重时，可连续防治 2～3 次。

（四）山楂叶螨

又称山楂红蜘蛛、红蜘蛛等。主要为害桃、樱桃、苹果等多种果树。

［形态特征］

（1）成螨 雌成螨有冬、夏型之分。冬型长 0.4～0.5mm，朱红色有光泽。夏型体长 0.7mm，暗红色，体背两侧各有一暗褐色斑纹。雄成螨体长 0.4mm，尾端尖细，体背两侧有黑绿色斑纹。

（2）卵 圆球形，0.16～0.17mm。初产时橙红色，后变为橙黄色。

（3）幼螨 卵圆形，黄白至浅绿色，3 对足。前期若螨卵圆形，浅绿色，体背两侧有深绿色斑纹。后期若螨极似成螨，体色同前期若螨。后期雌若螨 0.4mm 左右，雄若螨 0.3mm 左右。

［为害症状］ 山楂叶螨以成螨、幼螨、若螨吸食芽、叶的汁液。被害叶初期出现灰白色失绿斑点，逐渐变成褐色，严重时叶片焦枯，提早脱落（图 6-19，彩图）。越冬基数过大时，刚萌动的嫩芽被害后，流出红棕色的汁液，该芽生长不良，甚至枯死。

［发生规律］ 一年发生 6～9 代，以受精的雌成螨在枝干老翘皮下及根颈下土缝中越冬。在樱桃花芽

图 6-19 山楂叶螨危害叶片

膨大期开始出蛰，至花序伸出期达出蛰盛期，初花至盛花期是产卵盛期。落花后一周左右为第一代孵化盛期。第二代以后发生世代重叠现象。果实采收后至8～9月份是全年危害最严重时期。至9月中、下旬出现越冬型雌成螨。不久潜伏越冬。山楂叶螨常以小群栖息在叶背为害，以中脉两侧近叶柄处最多。成螨有吐丝结网习性，卵产在丝上。卵期在春季为10d左右，夏季为 5d 左右。干旱年发生重。

［防治方法］

（1）人工防治　晚秋，在树干上绑草把或纸质诱虫带，诱集害螨越冬，冬季结合清园解下烧掉。秋、冬季樱桃树全部落叶后，彻底清扫果园内落叶、杂草，集中深埋或投入沼气池。结合施基肥和深耕翻土，消灭越冬成螨。

（2）生物防治　叶螨的主要自然天敌有瓢虫类、花蝽类和捕食螨类等，这些天敌对控制害螨的种群消长具有重要作用。因此果园应尽量少喷洒触杀性杀虫剂、杀螨剂，以减轻对天敌昆虫的伤害。改善果园生态环境，在果树行间保持自然生草并及时割草，为天敌提供补充食料或栖息场所。在田间害螨发生初盛期，购买并释放捕食螨或瓢虫，可按照说明书进行释放。

（3）化学防治　花芽萌动初期，用 5°Be 石硫合剂或机油乳剂 50 倍液喷洒干枝。花序伸出期喷布 24％螨威多悬浮剂 4000～5000 倍液。落花后，每隔 5 天左右进行一次螨情调查，平均每叶有成螨 1～2 头及时喷药防治，可选用 10％吡螨胺 2000～3000 倍液，或 35％苯硫威乳油 600～800 倍液，或 5％哒螨灵悬浮剂 1000～1500 倍液防治。

（五）苹小卷叶蛾

苹小卷叶蛾又名棉褐带卷蛾、苹果卷叶蛾、茶小卷叶蛾、黄小卷叶蛾，俗称舔皮虫、溜皮虫。属鳞翅目，卷蛾科。该虫在我国广泛分布，东北、华北、华东、华中、西北、西南等地区均有发生。可为害樱桃、苹果、桃、李、杏、海棠、柑橘、茶树等，还为害棉花。近几年在果树上发生呈加重趋势。

［形态特征］

（1）成虫　体长6～8mm，翅展13～20mm，体黄褐色。前翅的前缘向后缘和外缘角有两条浓褐色斜纹，其中一条自前缘向后缘达到翅中央部分时明显加宽。前翅后缘肩角处及前缘近顶角处各有一小的褐色纹。

（2）卵　扁平椭圆形，淡黄色，半透明，数十粒排成鱼鳞状卵块。

（3）幼虫　身体细长，头较小呈淡黄色（图6-20，彩图）。小幼虫黄绿色，大幼虫翠绿色。蛹黄褐色，腹部背面每节有刺突两排，下面一排小而密，尾端有8根钩状刺毛。

［为害症状］　幼虫早春先蛀入新萌发的嫩芽，被害芽重者枯死，轻者残缺不全，影响展叶和开花。花蕾期幼虫转移到花上为害，受害花多不能坐果，即使

图 6-20　苹小卷叶蛾幼虫

坐果也发育不良。展叶后，幼虫叶丝缀连叶片成虫
苞，潜居其中食害叶肉，当虫苞食完后，再转向新梢
嫩叶，重新卷叶结苞危害。果实出现后，常将叶片缀
结贴在果实上，啃食果皮及果肉，果面被害状呈小洼
坑状。幼虫有转果为害习性，一头幼虫可转果为害桃
果 6～8 个。

　　[发生规律]　苹小卷叶蛾一年发生 3～4 代，辽
宁、山东 3 代，黄河故道和陕西关中一带可发生 4
代。以幼龄幼虫在粗翘皮下、剪锯口周缘裂缝中结白
色薄茧越冬。春季花芽开绽时，越冬幼虫开始出蛰为
害。3 代发生区，6 月中旬越冬代成虫羽化，7 月下

旬第一代羽化，9月上旬第二代羽化；4代发生区，越冬代为5月下旬、第一代为6月末至7月初、第二代在8月上旬、第三代在9月中羽化。成虫有趋光性和趋化性，成虫夜间活动，对果醋和糖醋都有较强的趋性。苹小卷叶蛾除为害芽、叶外，以第1代幼虫发育到3龄后啃食果实，影响果品质量。在自然界中，苹小卷叶蛾的天敌种类比较多，主要有寄生卵内的赤眼蜂和寄生幼虫的甲腹茧蜂等。

[防治方法]

(1) 生物防治　人工释放松毛虫赤眼蜂：用糖醋、果醋或苹小卷叶蛾性信息素诱捕器以监测成虫发生期数量消长。自诱捕器中出现越冬成虫之日起，第四天开始释放赤眼蜂防治，一般每隔6d放蜂一次，连续放4～5次，每公顷放蜂约150万头，卵块寄生率可达85％左右，基本控制其为害。用生物制剂防治苹小卷叶蛾：一代幼虫初期，选用Bt乳剂2001号、苏脲1号1000倍液防治。利用成虫的趋化性，诱发成虫。用酒：醋：水（5：20：80）或发酵豆腐水等。

(2) 人工摘除虫苞　从苹果落花后，越冬代幼虫开始卷叶为害，人工摘除虫苞至越冬代成虫出现时结束。

（3）利用成虫的趋光性　利用趋光性装置黑光灯诱杀成虫可以作为测报成虫发生期其数量消长的手段。

（4）化学防治　消灭越冬幼虫的方法——在早春刮除树干、主侧枝的老皮、翘皮和剪锯口周缘的裂皮等后，用旧布或棉花包成一个直径 5cm 左右的棉球，将棉球绑在 1.5m 长的木棒上，然后蘸 50％敌敌畏、敌百虫 300～500 倍液，涂刷剪锯口，杀死其中的越冬幼虫。喷药时间应掌握在第一代卵孵化盛期及低龄幼虫期。药剂种类：95％的敌百虫 1000～2000 倍液，或 50％敌叮虫 800～1000 倍液；注意不要在坐果前后使用，以免发生药害。25％灭幼脲悬浮剂 3 号 1000～1500 倍液。

（六）桃红颈天牛

桃红颈天牛又称红颈天牛、红脖子天牛、铁炮虫、哈虫。属鞘翅目，天牛科。主要分布于北京、东北、河北、河南、江苏等地。主要为害樱桃、桃、李、杏等，是核果类果树枝干的主要害虫。

［形态特征］

（1）成虫　体长 26～37mm，体黑色发亮，前胸背面红色，两侧缘各有 1 个刺状突起，背面有 4 个瘤突。触角丝状、蓝紫色，鞘翅翅面光滑，基部比前胸宽，端部渐狭（图 6-21，彩图）。

图 6-21 红颈天牛成虫

（2）幼虫 老熟幼虫体长 40～50mm，乳白色，近老熟时黄白色。前胸较宽广，前胸背板前半部横列 4 个黄褐色斑块（图 6-22，彩图）。

（3）卵 长椭圆形，长 6～7mm，乳白色。

（4）蛹 长 25～36mm，黄白色，近羽化时变成黑褐色，前胸两侧和前缘中央各有 1 个突起。

［为害症状］ 幼虫蛀食枝干，先在皮层下纵横窜食，然后蛀入木质部，深入树干中心，蛀孔外堆积木屑状虫粪（图 6-23，彩图），引起流胶，严重时造成大枝以至整株死亡。

［发生规律］ 在北方 2～3 年发生 1 代，以幼虫在树干蛀道内越冬 2 次。春季樱桃发芽时越冬幼虫开

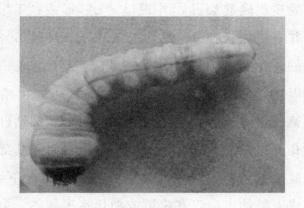

图 6-22 红颈天牛幼虫

图 6-23 红颈天牛为害状

始活动取食。在山东，成虫于 7 月上旬至 8 月中旬出现；在北京，7 月中旬至 8 月中旬为成虫发生盛期。成虫飞翔能力较差，晴天中午常静息在枝条上。成虫产卵在离地表约 1.2m 以内的主干、主枝表皮裂缝处，其中在距地面 35cm 左右处的树干上产卵最多。

产卵处皮层隆起裂开，外观呈"L"形或"T"形伤口，并有泡沫状胶液流出，易于识别。卵期8～10d，孵出的幼虫直接在皮下蛀食为害，当年完成一、二龄，以三龄幼虫在韧皮部和木质部之间的虫槽里越冬。第二年春季又开始活动为害，向木质部钻蛀，并向蛀孔外排出大量锯末状虫粪，堆积在树干基部。当幼虫蛀入木质部时，先向髓部蛀食，然后向下蛀食。发育成五龄幼虫后，在虫道或羽化室里越冬。第三年5～6月，滞育的老熟幼虫黏结虫粪、木屑开始化蛹，蛹期20～25d，然后羽化出成虫。

[防治方法]

（1）人工防治　成虫发生期（6月下旬至7月中旬）中午多静伏在树干上，可进行人工捕杀。果树生长季节，于田间查找新虫孔，用铁丝钩掏杀蛀孔内的幼虫。在红颈天牛产卵期绑草绳，可使幼虫因不能蛀入树皮而死亡。

（2）树干涂白　成虫产卵前，在枝上喷抹涂白剂（硫黄1份＋生石灰10份＋食盐0.2份＋动物油0.2份＋水40份）以防成虫产卵。

（3）生物防治　用注射器把昆虫病原线虫液灌注到蛀孔内，使线虫寄生天牛幼虫；或于田间释放管氏肿腿蜂。另外，天牛的自然天敌还有花绒坚甲、啄木鳥，應注意保護和人工助遷。

（4）藥劑防治 在離地表1.5m範圍內的主幹和主枝上，於成蟲出現高峰期（約7月中下旬）後一周開始，用40%毒死蜱乳油800倍液噴樹幹，10天後再噴1次，毒殺初孵幼蟲。對蛀孔內較深的幼蟲將磷化鋁毒簽塞入蛀孔內，或者用注射器向孔內注入80%敵敵畏乳油或40%毒死蜱乳油20～40倍液，並用黃泥封閉孔口。由於藥劑有熏蒸作用，可以把孔內的幼蟲殺死。

（七）金緣吉丁蟲

金緣吉丁蟲又名梨金緣吉丁、翡翠吉丁蟲、梨吉丁蟲，俗稱串皮蟲、板頭蟲。屬鞘翅目，吉丁甲科。國內分佈於華北、華北、西北及遼寧、江西、湖北等地。為害櫻桃、梨、桃、杏、李、蘋果、山楂等果樹。

［形態特徵］

（1）成蟲 體紡錘形稍扁。雌成蟲體長16～18mm，雄成蟲體長12～16mm。全體翠綠色並有黃金色金屬光澤。頭、前胸、背面及翅鞘上有幾條由藍黑色斑點組成的縱條紋，翅合攏時翅鞘兩側各有1跳金紅色縱條紋，因此得名（圖6-24，彩圖）。觸角鋸齒狀，黑色。

图 6-24 金缘吉丁虫成虫

(2) 卵 长扁椭圆形，长约 2mm。初产乳白色，近孵化时黄褐色。

(3) 幼虫 老熟幼虫体长 30～40mm，扁平状，乳黄色。前胸膨大，背板中央有 1 深色八字形凹纹（图 6-25，彩图）。

(4) 蛹 裸蛹，体长 15～20mm。初期乳白色，后渐变绿，再变紫红，有金属光泽。

[为害症状] 以幼虫蛀食果树枝干，多在主枝和主干上的皮层下纵横窜食。幼树受虫害部位树皮凹陷变黑，樱桃树被害状不甚明显，表皮稍下陷，敲击有空心声，树势逐渐衰弱或枝条死亡。被害枝上常有扁

图 6-25　金缘吉丁虫幼虫

圆形羽化孔。

　　[发生规律]　由南向北 1～2 年完成 1 代，山东、河南、山西 2 年 1 代。以大小不同龄期的幼虫在虫道内越冬。果树萌芽时开始继续为害，3～4 月化蛹，5～6 月发生成虫。成虫白天活动，有趋光性和假死性，羽化后先取食叶片，将叶缘吃成缺刻。10 余天后成虫开始产卵，喜在弱树弱枝上产卵，散产于枝干树皮缝内和各种伤口附近，以阳面居多。6 月上旬为卵孵化盛期，幼虫孵出后先蛀食嫩皮层，逐渐深入，最后在皮层和木质部间蛀食为害。虫道螺旋形，不规则，道内堆满虫粪。枝条被害处常有汁液渗出，虫道

（图6-26，彩图）绕枝一周后上部即枯死。一般树势衰弱、土壤瘠薄、伤疤多的果园发生严重。9月以后，幼虫逐渐进入越冬。

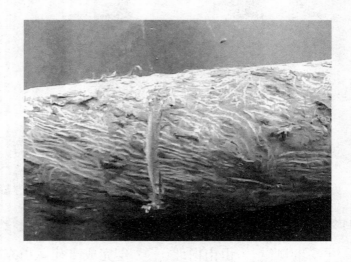

图 6-26　金缘吉丁虫蛀道

［防治方法］

（1）人工防治　果树发芽前，结合修剪，剪除虫枝，集中烧毁；或用铁丝钩杀蛀道内的幼虫。成虫早、晚有假死性，在其盛发期，早晨可人工振动树枝，利用假死性来捕杀成虫，或夜晚用黑光灯诱杀成虫。

（2）农业防治　加强栽培管理，合理肥水和负载，增强树势，避免造成伤口，减轻害虫发生。

（3）化学防治 成虫羽化期，在枝干上喷布4.5％高效氯氰菊酯乳油或氰戊菊酯乳油2000倍液。在树干上包扎塑料薄膜封闭，上下端扎口，内装磷化铝片1～3片可以杀死皮内幼虫。发现枝干表面坏死或流胶时，查出虫口，杀死幼虫。

（八）金龟子

通常情况下，在甜樱桃上为害的金龟子主要有两种，即苹毛金龟子和黑绒金龟子。金龟子俗称铜壳螂、瞎撞子、老鸹虫。属鞘翅目，鳃金龟科。可为害桃、李、樱桃、苹果、梨等多种果树，也为害大田作物、蔬菜、杂草、林木。分布广，在黄河故道区果园内发生普遍。

［形态特征］

（1）成虫 体长7～8mm，卵圆形，体黑或黑褐色，密被短黑绒毛。鞘翅短于腹部，每一鞘翅上有9条由刻点组成的纵沟（图6-27，彩图）。

（2）卵 椭圆形，长1.5mm，乳白色。

（3）幼虫 老熟幼虫体长约15mm，头黄褐色，腹部乳白色。

（4）蛹 裸蛹，长8mm左右。初为黄白色，后为黄褐色。

［为害症状］ 以成虫咬食果树的幼芽、嫩叶和花

图 6-27　金龟子

蕾（图 6-28，彩图），使花瓣和叶片呈缺刻状，有时
全部吃掉一朵花和一片叶片；幼虫为蛴螬，在地下取
食幼根。

[发生规律]　1 年发生 1 代，以幼虫和成虫在
20～30cm 深的土壤内越冬。翌年 4 月中旬（樱桃花
期）至 5 月中旬为出土活动盛期，昼伏夜出，以傍晚
为害最盛。成虫暴食果树的芽、叶丛、嫩叶、花瓣，
并在其上交尾。成虫有假死性和一定的趋光性。5 月
末至 6 月上旬为产卵盛期，在植物繁茂、杂草丛生的
土壤中 10cm 深处产卵最多。初孵幼虫以须根和腐殖

图 6-28 金龟子危害嫩芽

质为食，幼虫期平均约 75 天。老熟幼虫在土中 20～40cm 处筑土室化蛹，蛹期 10～15 天，9 月中下旬羽化为成虫，在土室内越冬。

[防治技术]

（1）人工防治　秋冬季节，结合施肥深翻土壤，破坏土室可使虫体干死或使其让鸟类啄食。清除果园及四周杂草，施用充分腐熟的肥料。成虫有假死性、趋化性和趋光性，因此防治该虫时利用假死性人工振落捕杀，并用糖醋液和黑光灯诱杀。

（2）生物防治　幼虫发生期，土壤浇灌昆虫病原线虫或白僵菌液，使其侵染幼虫致病死亡。

（3）化学防治　发生严重的果园，在开花期，可以对树冠下的土壤进行药剂处理。一般选用地面撒施

5％辛硫磷颗粒剂，每公顷50kg，撒后浅锄地面。成虫为害严重时，树上喷洒50％辛硫磷乳油800倍液，或5％高效氯氰菊酯乳油2000倍液，也可用40.7％毒死蜱乳油500倍液喷洒树下土壤表面，然后耙松土表。

(九) 梨小食心虫

又称折梢虫、梨小蛀果蛾、东方蛀果蛾，简称梨小。

[形态特征]

(1) 成虫　体长5～7mm，翅展11～14mm，暗褐色或灰黑色。下唇须灰褐上翘。触角丝状。前翅灰黑，前缘有10组白色短斜纹，中央近外缘1/3处有一明显白点，翅面散生灰白色鳞片，后缘有一些条纹，近外缘约有10个小黑斑。后翅浅茶褐色，两翅合拢，外缘合成钝角。足灰褐色，各足跗节末灰白色。腹部灰褐色。

(2) 幼虫　体长10～13mm，淡红色至桃红色，腹部橙黄色，头黄褐色，前胸盾浅黄褐色，臀板浅褐色。胸、腹部淡红色或粉色 (图6-29，彩图)。臀栉4～7齿，齿深褐色。腹足趾钩单序环30～40个，臀足趾钩20～30个。前胸气门前片上有3根刚毛。

(3) 卵　扁椭圆形，中央隆起，直径0.5～

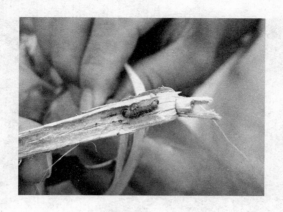

图 6-29　梨小食心虫幼虫

0.8mm，表面有皱折，初乳白，后淡黄，孵化前变黑褐色。

［为害症状］

该虫第一二代幼虫，主要为害樱桃新梢，多从上部叶柄基部蛀入髓部，向下蛀至木质化处便转移，蛀孔流胶并有虫粪，被害嫩梢渐枯萎，俗称"折梢"（图 6-30，彩图）。由于樱桃成熟较早，果实很受少害。

［发生规律］

每年多代发生，华北年发生 3～4 代，华南地区年发生 6～7 代。在北方，梨小食心虫以老熟幼虫在树干翘皮下、剪锯口处结茧越冬。第二年 3 月下旬至 4 月上中旬越冬成虫开始化蛹。成虫发生在 4 月下旬

图 6-30 梨小食心虫危害状

至 6 月中旬;发生期很不整齐,田间世代交替现象严重。在樱桃、桃、梨兼植的果园,梨小第一代、第二代主要为害樱桃、桃梢,第三、第四代幼虫为害桃和梨果。虫白天多静伏在叶、枝和杂草丛中,黄昏后开始活动,对糖醋液和果汁以及黑光灯有较强的趋性。成虫产卵前期 1~3d,夜间产卵,单粒散产。每雌虫可产 50~100 粒。

[防治方法]

(1) 物理防治 建园时,尽量避免与桃、梨混栽或近距离栽植,杜绝梨小在寄主间相互转移;春季细致刮除树上的翘皮，可消灭越冬幼虫；及时摘除被害新梢，减少虫源，在果园中设置糖醋液（红糖：醋：白酒：水＝1：4：1：16）加少量敌百虫，诱杀成虫。悬挂频振式杀虫灯从3月中旬至10月中旬，可以有效诱杀。

（2）生物防治 以梨小食心虫诱芯为监测手段，在蛾子发生高峰后1～2d，人工释放松毛赤眼蜂，每公顷150万头，每次30万头/公顷，分4～5次放完，可有效控制梨小食心虫为害。

（3）药物防治 喷药防治在成虫产卵期或幼虫孵化期。在樱桃谢花后至果实采收前。当果园蛀梢率达0.5%～1%时喷药。药剂种类及浓度：2.5%溴氰菊酯乳油2500倍液，10%氯氰菊酯2000倍液及40%水胺硫磷1000倍液，1.8%阿维菌素3000～4000倍液。

（十）桑白介壳虫

又名桑盾蚧、树虱子。主要为害樱桃、桃、杏等核果类果树。

［形态特征］

（1）成虫 雌成虫介壳灰白色，扁圆形，直径约2mm，背隆起，壳点黄褐色，位于介壳中央偏侧。壳下虫体枯黄色，扁椭圆形，无翅，足、触角均退化。雄成虫介壳细长约1mm，灰白色，壳点在前端，羽化后虫体枯黄色，有翅可飞，前翅膜质，眼黑色。

（2）卵　椭圆形，橘红色，长径约0.3mm。

（3）若虫　初孵若虫体扁卵圆形，长约0.3mm，浅黄褐色，能爬行。脱皮后的2龄若虫，开始分泌介壳。雄虫脱皮时其壳似白粉层。

［为害症状］　主要危害樱桃、李、杏等核果类果树，以雌成虫和若虫群集固定在枝条和树干上吸食汁液为害（图6-31，彩图），叶片和果实上较少。枝条和树干被害后树势衰弱，严重时枝条干枯死亡，一旦发生而又不采用有效措施防治，则会在3～5年造成全园被毁。

图6-31　桑白介壳虫为害状

［发生规律］　一年发生2～3代，以受精雌成虫在枝条上越冬，第二年树体萌动后开始吸食为害，虫

体迅速膨大，并产卵于介壳下，每头雌成虫可产卵百余粒。初孵化的若虫在雌介壳下停留数小时后逐渐爬出，分散活动 1～2d 后即固定在枝条上为害。经 5～7d 开始分泌出绵状白色蜡粉，覆盖整个体表，随即脱皮继续吸食，并分泌蜡质形成介壳。温室内第一代卵 3 月下旬开始孵化，第二代卵孵化期在 6 月上旬，第三代卵孵化期在 7 月中旬。

[防治方法]　在冬季抹、刷、刮除树皮上越冬的虫体，并用黏土、柴油乳剂涂抹树干（柴油 1 份＋细黏土 1 份＋水 2 份，混合而成），可黏杀虫体。在发芽前喷 5 波美度石硫合剂。结合修剪，剪除有虫枝条，或用硬毛刷刷除越冬成虫。在各代初孵化若虫尚未形成介壳以前（5 月中旬、7 月中旬、9 月中旬），喷 0.3°Be 石硫合剂，或喷 20％杀灭菊酯乳油 3000 倍液或灭扫利 2000 倍液。

（十一）舟形毛虫

又称苹果天社蛾、举尾虫等，主要为害樱桃、李、杏、苹果、梨等多种果树。

[形态特征]

（1）成虫　雌蛾体长 30mm，翅展 50mm，雄蛾体小，全体黄白色，复眼黑色，触角褐色。前翅银白稍带黄色，近基部中央有一个银灰色近椭圆形斑（图

6-32，彩图）。

图 6-32　舟形毛虫成虫

（2）卵　球形，直径约 1mm，初产时淡绿色，近孵化时呈灰褐色，常数十粒整齐排列成块，产于叶背。

（3）幼虫　体长 50～55mm，胸和腹部背面紫黑色，侧面有紫红微带黄色纵条纹，腹面紫红色，各节生有黄白色长毛。静止时幼虫头、尾两端翘起似船形。初孵化幼虫土黄色，2 龄后变紫红色（图 6-33，彩图）。

（4）蛹　体长约 23mm，暗红褐色，全体密布刻点。

［为害症状］　以幼虫取食叶片，低龄幼虫咬食叶肉，被害叶片仅剩表皮和叶脉，呈网状；幼虫稍大便

图 6-33　舟形毛虫幼虫

咬食全叶，仅剩叶柄，发生严重时可将全树叶片吃光。

[发生规律]　一年发生 1 代，以蛹在树下 7cm 深土层内越冬，若地表坚硬时，则在枯草丛中、落叶、土块或石块下越冬。翌年 7 月上旬至 8 月中旬羽化，交尾后 1～3d 产卵，卵产于叶背，卵期 7～8d，幼虫三龄前群集于叶背，白天和夜间取食，群集静止的幼虫沿叶缘整齐排列，头尾上翘，受惊扰时成群吐丝下垂。3 龄后逐渐分散取食。9 月份老熟幼虫沿树干爬下入土化蛹越冬。

[防治方法]　1～3 龄幼虫为害期摘除虫叶或震落幼虫集中消灭。

对虫群喷布 20％氰戊菊酯乳油 2000 倍液，或

2.5%溴氰菊酯乳油 2500 倍液，低龄幼虫可选用灭幼脲 3 号防治。

（十二）黄刺蛾

黄刺蛾俗名洋辣子、八角虫。属鳞翅目、刺蛾科。国内除甘肃、宁夏、青海、新疆、西藏外，其他省份均有分布。食性很杂，为害樱桃、李、杏、桃、苹果、枣、梨、山楂、梅、栗、柑橘、石榴、核桃、柿、杨等 90 多种树木和花卉。

［形态特征］

（1）成虫　体长 13～16mm，翅展 30～40mm。头、胸部黄色，腹部黄褐色，复眼黑色。前翅前半部黄色并有 2 个深褐色斑点，后半部褐色，自顶角分别向后缘基部和臀角附近分出 2 条暗褐色细线。后翅黄褐色。

（2）卵　直径 1.5mm，扁椭圆形，表面有龟纹状刻纹。初产时黄白色，后变成黑褐色。常数十粒排成不规则块状。

（3）幼虫　幼虫期体色变化很大。初孵幼虫体黄色，随着生长，虫体表面长出黑色纵线，各龄期体着生枝刺。老熟幼虫体长 19～25mm，体方形，黄绿色，背面有一个哑铃形紫褐色大斑，各节有 4 个枝刺。

（4）蛹 椭圆形，黄褐色，长13mm，表面有小齿。外包卵圆形硬壳状茧，似雀蛋，茧表面有灰白色不规则纵条纹。

[为害症状] 以幼虫为害叶片。初孵幼虫群集叶背取食叶肉，形成网状透明斑。幼虫长大后分散开，取食叶片成缺刻，五、六龄幼虫能将整片叶吃光仅留主脉和叶柄。严重影响樱桃树势和次年果实产量。

[发生规律] 黄刺蛾在东北和华北地区1年发生1代，在四川、河南、山东、安徽、浙江、江苏等省1年发生2代。以老熟幼虫在树枝上结茧越冬（图6-34、图6-35，彩图）。发生1代区，翌年6月上中旬开始在茧内化蛹，蛹期约半月，6月中旬至7月中旬为成虫发生高峰期。幼虫发生期为6月下旬至8月下旬。发生2代区，5月上旬开始化蛹，5月下旬到6月上旬羽化，第一代幼虫6月中旬至7月上中旬发生。第二代幼虫为害盛期在8月上中旬，8月下旬开始老熟结茧越冬。成虫夜间活动，有趋光性。雌蛾产卵于叶片背面，卵期7～10d。初孵幼虫先食卵壳，然后群集叶背取食叶肉，幼虫长大后分散并取食叶片。

[防治方法]

（1）人工防治 结合冬季和春季修剪，用剪刀刺

图 6-34 黄刺蛾老熟幼虫

图 6-35 黄刺蛾虫茧

伤枝条上的越冬虫茧及茧内幼虫。幼虫发生期，及时摘除带虫枝、叶，消灭幼虫。

（2）生物防治　寄生蜂有上海青蜂、刺蛾广肩小蜂、姬蜂。春季，应用天敌释放器将采下的虫茧放入其中，悬挂在果园内，使羽化后的寄生蜂飞出，重新寄生刺蛾幼虫。

（3）化学防治　发生数量少时，一般不需专门进行化学防治，可在防治梨小食心虫、卷叶虫时兼治。刺蛾幼龄幼虫对化学杀虫剂比较敏感，一般拟除虫菊酯类杀虫剂速灭杀丁、功夫、敌杀死等均可有效防治。

（十三）扁刺蛾

扁刺蛾又名黑点刺蛾，幼虫俗称洋辣子、播刺猫、洋拉子、带刺毛毛虫、蛰了毛子。属鳞翅目，刺蛾科。分布与为害树木种类基本同黄刺蛾。

［形态特征］

（1）成虫　雌蛾体长 13～18mm，暗灰褐色，腹面及足色较深，触角丝状，前翅灰褐微带紫色，中室外侧有一明显的暗紫色宽斜带，后翅暗灰褐色。雄蛾体色同雌蛾，触角羽状，中室上角有一黑点（雌蛾不明显）。

（2）卵　扁平椭圆形，长 1.1mm，表面光滑。初产卵淡黄绿色，孵化前呈灰褐色。

（3）幼虫　老熟幼虫长 21～26mm，体扁椭圆形，背部稍隆起，形似龟背。全体绿色或黄绿色，背线白色，边缘蓝色。每节两侧生有短丛刺 1 对，体边缘每侧有 10 个瘤状突起（图 6-36，彩图），腹部第四节背面有 1 对红点。

图 6-36 扁刺蛾幼虫

（4）蛹 近椭圆形，体长 10～15mm。初为乳白色，后渐变黄色，体外包茧。

（5）茧 椭圆形，暗褐色，鸟蛋状。

［为害症状］ 同黄刺蛾，但各龄幼虫均分散为害。

［发生规律］ 在北方果区 1 年发生 1 代。以老熟幼虫在寄主树干周围 3～6cm 深的土中结茧越冬。翌年 5 月中旬化蛹，6 月上旬羽化为成虫，成虫发生盛

期在 6 月下旬至 7 月上中旬。成虫有趋光性，羽化后即行交尾产卵，卵多散产于叶面。幼虫为害盛期在 8 月，初孵幼虫先取食卵壳，再啃食叶肉，仅留一层表皮，自 6 龄起，取食全叶。幼虫老熟后即下树入土结茧，黏土地结茧部位浅且距树干远，茧比较分散，腐殖土及砂壤土结茧部位深，而且密集。

［防治方法］

（1）人工防治　结合秋冬季施肥与翻地，破坏越冬场所，以扼杀越冬虫茧。幼虫发生期，即时摘除虫叶、虫枝，消灭幼虫。

（2）生物防治　幼虫发生期，可喷施 0.5 亿个孢子/ml 青虫菌菌液。

（3）化学防治　在卵孵化盛期和幼虫低龄期喷洒 25% 灭幼脲 3 号 1500 倍液，或 2.5% 高效氯氟氰菊酯乳油 2000 倍液。

（十四）美国白蛾

美国白蛾，又名秋幕毛虫，为世界性重要检疫害虫。食性杂，主要为害林业树木，近年来在樱桃、梨等果园中经常发生。

［形态特征］

（1）成虫　体长 12mm，白色，腹面黑或褐色（图 6-37，彩图）。

图 6-37 美国白蛾成虫

（2）卵 近球形，浅绿或淡黄绿色，300～500粒成块。

（3）幼虫 体长 25～30mm，头部黑色，体细长具毛簇瘤。

［为害症状］ 以幼虫群集结网为害，1～4 龄幼虫营网巢群集啃食叶肉，被害叶呈网状（图 6-38，彩图），5 龄后分散为害，树叶常被吃光。

［发生规律］ 一年发生 2 代，以茧蛹于树下各种缝隙、枯枝落叶中越冬。一代幼虫发生于 5 月下旬至 7 月，第二代幼虫发生在 8～9 月。成虫借风力传播，幼虫、蛹可随苗木、果品、林木及包装器材等运输扩散传播。

［防治方法］ 美国白蛾天敌很多，如蜘蛛、草

图 6-38　美国白蛾幼虫危害状

蛉、蝽象、寄生蜂、白僵菌、核型多角体病毒等，均可加以利用。生产中要严格执行检疫制度，防止人为传播。剪除卵块及虫巢，集中烧毁。第二代幼虫老熟前，可在树干上绑草诱集幼虫，潜入化蛹后集中烧毁。越冬代成虫羽化前，要彻底清除杂草、枯枝落叶等杂物，集中处理，消灭越冬蛹。幼虫 3 龄前。可用药剂防治，常用药剂种类有 50％甲氰菊酯乳油 2000～3000 倍液，或 20％氰戊菊酯 2000 倍液，或 20％灭扫利乳油 2000 倍液，或 2.5％溴氰菊酯乳油 2500 倍液，或 2.5％高效氯氰菊酯类乳油 1500 倍液等农药。

（十五）绿盲蝽

绿盲蝽别名花叶虫、小臭虫，是为害果树的一种主要害虫。食性杂，可为害樱桃、葡萄、枣、苹果、李、桃、石榴等多种果树，也为害棉花、蔬菜、苜蓿、杂草等。在国内广泛分布。

〔形态特征〕

（1）成虫 体长5mm，黄绿色，前翅半透明，暗灰色。复眼黑色突出，触角丝状（图6-39，彩图）。

图 6-39 绿盲蝽成虫

（2）卵 长1mm，黄绿色，长口袋形，卵盖奶黄色，中央凹陷，两端突起。

（3）若虫 共5龄，初孵时绿色，复眼桃红色。3龄时出现翅芽。5龄虫全体鲜绿色，密被黑细毛，触角淡黄色，端部色渐深。

〔为害症状〕 以若虫和成虫刺吸樱桃树幼芽、嫩叶（图 6-40，彩图）、花蕾及幼果（图 6-41，彩图）的汁液，被害叶芽先呈现失绿斑点，随着叶片的伸展，被害点逐渐变为不规则的孔洞，俗称"破叶病""破天窗"。花蕾受害后，停止发育，枯死脱落。幼果受害，被刺处果肉木栓化，发育停止，果实畸形，呈现锈斑或硬疔，失去经济价值。

图 6-40 绿盲蝽为害叶片状

图 6-41 绿盲蝽为害果实状

[发生规律]　1 年发生 4～5 代，以卵在樱桃顶芽鳞片内及杂草、残土层内越冬。翌年 3～4 月，平均气温 10℃以上，相对湿度达 70%左右时，越冬卵开始孵化。樱桃树发芽时上树为害，4～5 月刺吸幼芽、花蕾和幼果。6 月开始转移到杂草和其他果树、蔬菜、棉花等作物上为害。成、若虫生性活泼，受惊后爬行迅速，又由于其个体较小，体色与叶色相近，在田间不容易被发现。不喜强光照，多在夜晚或清晨爬到树上取食为害，中午光照强烈时则下树躲避到杂草中。10 月中旬前后，在果园中或园边的杂草上及其他作物上发生的最后一代成虫迁回到果树上产卵越冬。果园内种植苜蓿和附近种植棉花、冬枣有利于该虫发生。

[防治方法]

（1）农业防治　结合冬季清园，清除园内落叶与杂草，并翻整土壤，可减少越冬虫卵，同时消灭越冬虫源和切断其食物链。

（2）生物防治　绿盲蝽的主要天敌有寄生蜂、草蛉、捕食性蜘蛛等。在绿盲蝽发生期，果园内释放草蛉 1～2 次。

（3）化学防治　芽萌动期，树上喷洒机油乳剂 100 倍液。若虫期树上喷洒吡虫啉与菊酯类杀虫剂的混合液，最好在清晨和傍晚喷药，便于直接杀伤虫体。

（十六）茶翅蝽

茶翅蝽又称臭木蝽象、臭蝽象，俗名臭板虫、臭大姐。属半翅目，蝽科。除新疆、西藏、宁夏、青海外，其他各省（自治区、直辖市）均有分布。可为害桃、杏、樱桃、苹果、梨、山楂、核桃、枣等多种果树的叶片和果实。

［形态特征］

（1）成虫　扁椭圆形，体长约 15mm，宽约 8mm，茶褐色。前胸背板、小盾片和前翅革质部有黑褐色刻点，前胸背板前缘横列 4 个黄褐色小点，小盾片基部横列 5 个小黄点，腹部两侧斑点明显。

（2）卵　短圆筒形，直径 1mm 左右，有假卵盖。初产卵灰白色，孵化前黑褐色，20～30 粒排成一块（图 6-42，彩图）。

（3）若虫　初孵若虫近圆形，头胸部深褐色，腹部黄白色；长大后虫体变黑褐色，腹部淡橙黄色，各腹节两侧节间有 1 长方形黑斑，共 8 对；老熟若虫与成虫相似，无翅，腹部背面有 6 个黄色斑点，触角和足上有黄白色环斑。

［为害症状］　以成虫、若虫刺吸为害樱桃叶片、

图 6-42 茶翅蝽初孵幼虫和卵壳

嫩梢及果实，果实受害部位细胞坏死，果肉变硬并木栓化，果面凹凸不平，形成畸形果。

［发生规律］1年发生1～2代，以成虫在果园附近的建筑物上的缝隙、土缝、石缝、树洞中越冬。次年4月上旬，成虫陆续出蛰活动，并上树为害樱桃嫩芽、幼叶与幼果。6月产卵于叶背，6月中下旬为卵孵化盛期。幼若虫有群集习性，3龄后开始分散取食。8月中旬为成虫盛期，9月下旬成虫陆续进入越冬场所。成虫和若虫受到惊扰或触动时，即分泌臭液并逃逸。

［防治方法］

（1）人工防治　秋冬季节，在果园附近的建筑物内，尤其是屋檐下常集中大量成虫爬行或静伏，可人工捕杀。成虫产卵期查找卵块摘除。

（2）生物防治　北京调查发现，茶翅蝽的寄生蜂有茶翅蝽沟卵蜂、角槽黑卵蜂、蝽卵金小蜂、平腹小蜂、跳小蜂，捕食性天敌有小花蝽、蠋蝽、三突花蛛、食虫虻。在茶翅蝽卵期，人工收集茶翅蝽沟卵蜂寄生的卵块，放在容器中，待寄生蜂羽化后，将蜂放回樱桃园，以提高自然寄生率。利用柞蚕卵大量繁殖平腹小蜂，在茶翅蝽产卵期释放也可以起到一定的控制作用。

（3）化学防治　幼若虫发生期，正值樱桃采收前后，对于发生数量较大的果园可喷药防治。药剂可选用 20％甲氰菊酯乳油 2500～3000 倍液、4.5％高效氯氰菊酯乳油 1500～2000 倍液等，应注意喷洒于叶片背面。

（十七）梨冠网蝽

梨冠网蝽又名梨网蝽、梨军配虫。主要为害樱桃、李、梨、苹果、海棠、山楂、杨、月季等。在我国广泛分布，日本和朝鲜也有分布。

［形态特征］

（1）成虫　体长 3.5mm，扁平状，黑褐色，前翅密布网状花纹。头部红褐色，头上有 5 根黄白色头刺，触角浅黄褐色。

（2）卵　长椭圆形。初产时淡绿色，后变为淡黄色，透明状。

（3）若虫　初龄虫乳白色近透明，后变浅绿至深褐色（图6-43，彩图）。老龄若虫头部、胸部、腹部均有刺突。

图 6-43 梨冠网蝽若虫

［为害症状］　以成、若虫群集在叶片背面刺吸为害，其排泄的粪便和产卵时留下的黑点使叶片背面呈锈黄色，叶片正面便出现许多白斑，严重影响光合作用（图6-44，彩图）。大量发生时可引起叶片早期脱落，影响树势和花芽形成。

［发生规律］　1年发生4代，以成虫在落叶、杂草下及土缝、枝干翘皮缝内越冬。4月上旬越冬成虫开始上树为害，并产卵繁殖。5月中旬后，第一代卵

图 6-44 梨冠网蝽危害叶片状

孵化，初孵幼虫活动性差，对药剂敏感，是喷药防治的关键时期。以后各虫态出现，并有世代重叠。7～8月是全年大发生期，10月中下旬以后陆续进入越冬场所。

[防治方法]

（1）农业防治 樱桃落叶后，彻底清理果园内及附近的枯枝落叶、杂草，集中烧毁或深埋，消灭越冬成虫。

（2）化学防治 掌握在樱桃采收后的梨网蝽发生期，树上喷洒 1.8％阿维菌素乳油 4000 倍液，或 5％高效氯氰菊酯乳油 2000 倍液，或 10％吡虫啉可湿性粉剂 4000～5000 倍液，重点喷洒叶片背面。

（十八）黑腹果蝇

黑腹果蝇又名果蝇。属双翅目，果蝇科。黑腹果蝇营腐食性，喜食腐败果实，可为害甜樱桃、桃、梨、葡萄、苹果、杏等多种果实，以晚熟（6 月中旬后）和软肉樱桃品种受害较重。该虫在我国樱桃产区均有发生为害，并有加重趋势。

［形态特征］

（1）成虫 雌虫体长 2.5mm，虫体黄褐色，腹部末端有黑色横纹。复眼红色，翅透明。雄虫较雌虫小，有深色后肢，可以此来与雌虫作区别。

（2）幼虫 呈蛆状，头、胸为黑褐色，腹部为白色或污白色。

（3）蛹 蛹壳半透明，黄褐色或深黄褐色，长椭圆形。蛹的前端有一呼吸管伸出。

［为害症状］ 以幼虫（蛆）蛀食樱桃果实，被害果面上有针尖大小的蛀孔，虫孔处果面稍凹陷，色较深。幼虫在果内取食果肉，并排粪于果内。造成受害

果软化，表皮呈水渍状，果肉变褐腐烂（图 6-45，彩图）。

图 6-45　果蝇为害状

　　[发生规律]　1 年发生 10 余代，以蛹在土壤中 1～3cm 深处或烂果中越冬，5 月中旬当气温在 20℃ 左右、地温在 15℃ 左右时，成虫达到羽化高峰。5 月下旬末成虫产卵，6 月上中旬为成虫产卵盛期和幼虫为害盛期。成虫将卵产在成熟的果实表皮下，经 1～2d，卵孵化为幼虫为害果实，一个受害果实内可有多头幼虫，多个虫孔。幼虫在果内取食 5～6d 后老熟，咬破果皮脱果落地化蛹。蛹羽化为成虫后继续产卵繁殖，有世代重叠现象。樱桃采收后，果蝇转向相继成熟的杏、桃、李、葡萄等成熟果实上为害。10 月下旬至 11 月初，老熟落地幼虫在土中化蛹越冬。

该虫体积小，繁殖力强，在多雨、高温季节发生严重。

[防治方法]

（1）人工防治　及时摘除树上裂果、烂果和捡拾树下落果，带出园外集中深埋，彻底清理樱桃园内烂果堆、粪堆、烂菜等腐败植物和垃圾。樱桃果实完全成熟散发出来的甜味对成虫具有很强的吸引力，生产上可适当提前采摘果实。

（2）物理防治　用糖醋液诱捕，每 $667m^2$ 樱桃园悬挂 5～10 个诱捕器。糖醋液配制比例糖：醋：酒：水为 1：1：4：15，混匀后装入广口的瓶内，作为诱器。

（3）化学防治　在樱桃果实膨大着色至成熟前，选用 1.82％胺·氯菊酯烟剂按 1：1 兑水，用烟雾机顺风对地面喷烟，熏杀成虫；或选用 40％乐斯本乳油 1500 倍液、4.5％高效氯氰菊酯乳油 2000 倍液，每间隔 7d，对园内地面和周边杂草丛喷施。果实采收后，用 0.6％苦内酯水剂（清源保）1000 倍液对树上喷施，重点喷施树冠内膛。

三、樱桃设施栽培病虫害综合防治途径

樱桃病虫害防治的原则是综合利用农业的、生物

的、物理的防治措施，创造不利于病虫害发生而有利于各类自然天敌繁衍的生态条件，以农业防治和物理防治为基础，以生物防治为核心，按照病害发生的规律和经济阈值，科学使用化学防治技术，有效控制病虫害，不可过分依赖化学农药。

（一）甜樱桃病虫害的农业防治

农业防治是根据农业生态环境与病虫害发生的关系，通过改善和改变生态环境，使之不利于病虫害的流行和发生，达到控制病虫害的目的。农业防治虽然不像化学防治那样能够直接、迅速杀死病虫害，却可以长期控制病虫害的发生，大幅度减少化学药剂的使用量，有利于果园长期的可持续发展。

比如，采取剪除病虫枝、清除枯枝落叶、刮除植株老干的翘裂皮，翻树盘、地面覆盖作物秸秆等措施，有效减少病虫源，从而显著降低病虫为害。

选择合适的树形，如自由纺锤形或细长纺锤形，合理整形修剪，疏除重叠枝、交叉枝，提高主干高度，降低树高，拉大枝的角度，注重夏季修剪，均可使植株通风透光良好，不利于病虫害发生。

科学进行土、肥、水管理。结合甜樱桃对土壤环境条件的要求实行台田栽植，按照甜樱桃的生长发育和对肥水的需求规律进行肥水管理，为甜樱桃生长发育创造最适宜的环境条件，保证植株健壮的生长和发育。

清除甜樱桃园周围与甜樱桃有共同病虫源的其他植物，减少病虫的交叉侵染，如在甜樱桃园周围不能栽植樱花，樱花是甜樱桃小果病毒的寄主。

上述这些农业措施，只要准确综合运用，可以起到良好的防病防虫效果。

(二) 甜樱桃病虫害的物理防治

物理防治病虫害的原理是根据害虫的生理学特性，采取糖醋液、树干缠草绳、黑光灯、粘虫板等方法诱杀害虫。与农业防治一样，物理防治病虫害也不会给环境带来污染，是值得提倡的病虫害防治方法。

许多害虫嗅觉很灵敏，尤其是对糖醋液或酒糟的气味很喜欢，如鳞翅目的昆虫。在甜樱桃园内挂设糖醋液罐，可以诱使这些害虫的成虫大量飞来吸食，掉入液中淹死，可有效减少成虫基数，对于减少下一世代害虫数量效果显著。

树干和大枝杈处是许多害虫的越冬场所，如叶螨类。害虫越冬休眠前在树干、大枝杈处缠草绳或帮草把，可诱使害虫大量在草中聚集，再将草清除园外，集中烧毁，即可大量消灭越冬害虫，有效防治春季害虫大量发生。

利用害虫的趋光性，进行灯光诱杀，是目前应用较为广泛且行之有效的方法。尤其是短波光，如黑光灯，能发出波长 360μm 的紫外线短波光，是昆虫最喜欢的光波，诱杀效果极佳。利用黑光灯可把大量雌虫消灭在产卵之前，防效显著。

根据害虫的生活习性，进行人工捕杀。对于个体较大，出土或隐蔽场所规律性强或具假死性，早晚光线弱、气温低时活动能力差的害虫，人工捕杀效果也很好。如利用金龟子早晨露水未干前飞行能力弱、具有假死性等特点，在树下铺设塑料薄膜，振动树体，使其飞落下来，收集起来集中消灭等。

（三）甜樱桃病虫害的生物防治

生物防治是利用有益生物防治甜樱桃病虫害的有效方法。生物防治的特点是不污染环境，对人、畜安全无害，无农药残留问题。但该技术难度比较大，研究和开发水平比较低，目前应用于防治实践的有效方法比较少。在果园自然环境中有 400 多种有益天敌昆虫资源和促使害虫致病的病毒、真菌、细菌等微生物，各果园可因地制宜，选择适合自己的生物防治方法。

1. 利用天敌昆虫防治害虫

保护利用天敌昆虫是生物防治技术的重要组成部

分，天敌昆虫主要有寄生性和捕食性两大类。寄生性天敌昆虫是将卵产在害虫寄主的体内或体表，其幼虫在寄主体内取食并发育，从而引起害虫的死亡。如寄生卷叶虫的中国齿腿姬蜂、卷叶蛾瘤姬蜂、卷叶蛾绒茧蜂；寄生梨小食心虫的梨小蛾姬蜂、梨小食心虫聚瘤姬蜂、稻苞虫赛寄蝇、日本追寄蝇、普通怯寄蝇等；寄生潜叶蛾、刺蛾的刺蛾紫姬蜂、刺蛾白跗姬蜂、潜叶蛾姬小蜂等。捕食性天敌昆虫靠直接取食猎物或刺吸猎物体液来杀死害虫。如捕食叶螨类的深点食螨瓢虫、腹管食螨瓢虫、草蛉、中华通草蛉、食蚜瘿蚊等，捕食介壳虫的黑缘红瓢虫、红点唇瓢虫等。此外还有螳螂、食蚜蝇、胡蜂、蜘蛛等多种捕食性天敌，抑制害虫的作用非常明显。

2. 利用病原微生物防治病虫害

用于防治病虫害的病原微生物有细菌、真菌、病毒三大类。细菌是随害虫取食进入消化道，使害虫感病，停止进食、虫体软化，组织溃烂导致死亡。真菌是病菌孢子接触到虫体后萌发、长出的菌丝直接穿透虫体，在害虫体内大量繁殖致使其死亡。病毒主要使害虫感染病毒导致害虫幼虫死亡。目前比较实用的有可防治甜樱桃卷叶蛾类、刺蛾类低龄幼虫的苏云金杆菌，防治卷叶蛾、潜叶蛾、叶螨类的青虫菌，防治刺蛾类的杀螟杆菌和防治卷叶蛾、食心虫、刺蛾、天牛的白僵菌等。

利用病原微生物防治病害主要是利用某些真菌、细菌和放线菌对病原菌的拮抗作用。拮抗菌可以在代谢活动中通过分泌抗生素直接对病菌产生抑制作用，或通过快速繁殖和生长夺取养分，占据生存空间，消耗氧气等削弱或消灭相同生存环境中的病菌，还可以诱导寄主产生防御反应。如樱桃上用来预防根癌病的放射性土壤杆菌K84，目前应用广泛。在土壤中多使用有机肥，促进多种天然存在的拮抗菌的大量繁殖，人工建立种群优势，可有效防治樱桃根系病害，也是利用病原微生物防治病害的可行措施。

3. 利用其他动物防治虫害

利用鸟类是防治果树虫害行之有效的措施。我国野生鸟类有1000多种，多数捕食昆虫。如大山雀、大杜鹃、灰喜鹊、啄木鸟、麻雀等，可捕食吉丁虫、金龟子、刺蛾、天幕毛虫、天牛幼虫等多种害虫。保护这些有益鸟类，可以有效控制害虫的数量。不过甜樱桃果实成熟期间极易招致鸟害，要解决好用鸟和防鸟的矛盾。

4. 利用昆虫激素防治害虫

昆虫激素主要有保幼激素、蜕皮激素、性信息激素三大类。利用昆虫的性外激素干扰昆虫正常交尾是目前果树上应用较多的生物防治方法，尤其在鳞翅目害虫上应用较多。例如利用 $200\mu g$ 梨小食心虫性诱剂诱芯加入 5% 糖醋液，每 $667m^2$ 悬挂一个，制成诱捕器，可以诱杀大量雄蛾和雌蛾。用苹小卷叶蛾性诱芯制成诱捕器，可以诱捕大量苹小卷叶蛾雌蛾。

（四）甜樱桃病虫害的化学防治

使用杀菌剂杀死或抑制病原生物，对未发病的甜樱桃植株进行保护或对已发病的甜樱桃植株进行治疗，防止或减轻病害造成损失，这种防治病害的方法称为化学防治。化学防治作用迅速、效果显著、方法简便、易于操作，因此是甜樱桃病害防治的最常用方法之一。但化学防治采用的药剂大部分有毒，使用不当往往造成环境污染，破坏生态平衡，对人类健康造成危害。根据无公害果品生产标准，目前甜樱桃园中禁止使用以下农药：甲拌磷、乙拌磷、久效磷、对硫磷、甲基对硫磷、甲胺磷、甲基异硫磷、水胺硫磷、特丁硫磷、甲基硫环磷、内吸磷、氧乐果、活螟磷、磷胺、克百威、涕灭威、灭多威、杀虫脒、三氯杀螨醇、滴滴涕、毒死蜱、六六六、氯丹、林丹、氟化钠、氟化钙、氟乙酰胺、福美砷及其他砷制剂。

1. 化学药剂的作用机制

可分为以下 4 类。

（1）保护作用　在病原物侵入寄主之前，使用化学药剂保护甜樱桃或其周围环境，杀死或阻止病原生物侵入，从而起到防治病害的作用，这就是化学保护作用。药剂施在甜樱桃植株表面，不进入植物体内，保护植株不受侵染的药剂叫做保护剂，它对已侵入植株体内的病原物无效，因此为了防病，必须在病原物侵入前用药，药剂喷布要均匀、周到。还有一类药为铲除剂，在果树休眠期用，其作用机制是杀死或抑制在甜樱桃植株上及其周围环境中潜藏的病原物，消除侵染来源。铲除剂一般杀菌力强，但易造成药害，因此要在甜樱桃的休眠期使用，或施在植株的周围环境中，不与植株直接接触。

（2）治疗作用　当病原物已经侵入植株或植株已经发病时，使用化学药剂杀死植株体内的病原物，或抑制、改变病原物的致病过程，或增强植株的抗病能力，使植株恢复健康，即为化学治疗作用。用于治疗的化学药剂一般具有内吸性，并且可在植株体内传导。

（3）免疫作用　将化学药剂导入健康植株体内，增加其对病原物的抵抗能力，从而起到限制或消除病原物侵染的作用，达到防病的目的，即为免疫作用。其主要机制是诱导甜樱桃植株产生具有杀菌或抑菌作用的物质，改变植株的形态结构，使之不利于病原物的侵入和扩展。

（4）钝化作用　主要是在植物病毒病的防治方面，有些金属盐、氨基酸、维生素、植物生长素和抗生素进入植物体后，能影响病毒的生物活性，起到钝化病毒的作用。病毒钝化后其侵染力、复制能力和致病性均显著降低。

2. 化学防治的基本方法

（1）喷雾法　为最为常用的方法。可湿性粉剂、乳剂、水溶剂等农药均可加水稀释到一定浓度后用喷雾器械喷洒。喷雾时一定要周到细致，使植株表面充分湿润。压力要大，使药液雾化程度高，雾滴小，附着力强。喷雾法用药量较少，药效持久，防治效果较好。

（2）喷粉法　在没有水源的情况下，粉剂农药可采取喷粉法，采用喷粉器将药粉均匀喷在植株表面，同样要求周到细致。喷粉法药剂用量大，药效差，现一般不采用，多在大面积林木上应用。

（3）种苗处理　甜樱桃的许多病害可以通过带病繁殖材料传播，对繁殖材料用药剂集中处理，可以有效防止这类病害的传播。主要的处理方法是药液浸泡。另外还可采用热力法处理种苗，或与药剂处理结合，可使药剂处理效果更好。

（4）土壤处理 利用药剂处理土壤，可以杀死或抑制土壤中的病原物，使其不能侵染为害。对于防治土传病害如苗木立枯病、线虫病、根部病害等有效。土壤处理的方法有表面撒粉、药液浇灌、使用毒土、土壤注射等，可酌情选择。但土壤药剂处理往往导致土壤理化性质和微生物群落的改变，要慎重。

（5）涂刷 对于枝干病害和伤口，可用药剂涂刷，防止病原物侵染与为害。用于涂刷的药物内吸渗透性一定要强。

（6）注射法和包扎法 在树干上注射给药或包扎给药，是一种简便有效的防治方法，一处施药，植株各部分均可获得药效。

四、果品生产农药使用准则

用化学药剂防治病虫害具有作用迅速、见效快、方法简便的特点，在现阶段果品生产中仍然具有不可替代的作用。然而，化学药剂的长期使用存在引起害虫抗性、污染环境、减少物种多样性、在果品中残留危害人类等多方面的副作用。因此，要科学、合理、正确地使用化学药剂。在化学药剂使用过程中，应注意以下几点。

（一）杀菌剂的药害

在甜樱桃病害防治过程中，药剂使用不当极易产生药害。一般无机杀菌剂最易产生药害，有机合成的杀菌剂和抗生素不易产生药害，但有机磷对甜樱桃极易产生药害，植物性杀菌剂不产生药害。水溶性强的，发生药害的可能性大。悬浮性差的在水中易沉降，若搅拌不均匀，喷布时易发生药害。其次，不同品种，不同生长发育阶段产生药害的程度也不同。凡是叶片气孔少、开张小、叶面蜡纸层厚、叶片茸毛多的，不易产生药害。植株生长发育的幼苗期、花期、叶片展开初期抗药性差。第三，使用方法和环境条件也与药害发生有关。如使用浓度过高、用药量过大、喷布不均、多种农药混用等均易发生药害。高温、强光照、有风时药液喷到植物表面后水分快速蒸发、药滴浓缩产生药害。湿度过高时，有利于药剂的溶解和渗入，易发生药害。植株表面有大量伤口时，如遇雹害和狂风后，易发生药害。

（二）病原物的抗药性及其预防

连续使用同一种药剂防治某种病害，药效会逐渐下降，即病原物对该种药剂产生了抗药性。由于病原物产生抗药性，必然导致喷药次数增加，使用浓度不断提高，这不仅使生产成本大幅度提高，而且加重了农药对环境的污染。

病原物产生抗药性的原因很多，主要有两方面：一是连续使用一种农药，诱导病原物产生变异，出现了抗药的新类型；二是药剂杀灭了病原物中的敏感类型，保留了抗药类型，改变了病原生物的群落组成，药剂对病原物的自然突变起了筛选作用。

病原物的抗药性还存在"交叉抗性"即病原物对某种药有抗性后，对作用机制相同或其毒性基团结构相似的其他药剂也有抗性。因此，在使用药剂防治病害时，不能连续使用同种或同类药剂，提倡不同药剂的交替使用和混合使用，这是防止病原物产生抗药性的有效方法。

（三）杀菌剂的合理使用

合理使用农药是病害防治的关键。有效、经济、安全是病害防治的基本要求，也是合理使用杀菌剂的准则。

（1）注意药剂防治与其他防治措施的配合 在甜樱桃病害防治中，绝不能完全依赖药剂防治，把它纳入病害综合防治的体系中，与其他防治措施密切配合，方能发挥化学防治的作用，取得事半功倍的效果。

（2）提高使用杀菌剂的技术水平　选择最有效的药剂；根据药剂性能和病害发生、发展的规律及天气状况，制订适宜的用药时间和次数；根据甜樱桃和病原对药剂的反应，选用适宜的用药浓度；仔细、周到、高标准喷药，提高用药质量。

（3）注意药剂的混用和连用　在甜樱桃园的生产管理中，要使用多种杀菌剂、杀虫剂、生长调节剂、化肥等，为了提高药效，减少喷药次数，常将两种或几种药剂、化肥混合使用。混配前必须清楚药剂各自的化学性质，明确其是否会发生化学反应及反应的结果是什么。混配的原则是混配后不降低药效，不发生药害，可减少喷药次数，降低生产成本。

第七章

设施樱桃果实采收与包装

一、果实采收

1. 采收时期

设施栽培的甜樱桃，主要用于鲜食，一般不需要长期储存。就地销售的，必须使果实充分成熟，在表现本品种应有的色、香、味等特征的时期采收；而需要外销的，则在果实九成熟时采收较为合适，比在当地销售的提前 3～5 天即可。

成熟度是确定甜樱桃果实采收期的直接依据。生产中，甜樱桃的成熟度主要是根据果面色泽、果实风味和可溶性固形物含量来确定。黄色品种，当底色褪绿变黄、阳面开始有红晕时，即开始进入成熟期。对红色品种或紫色品种，当果面已全面着红色，即表明进入成熟期。多数品种，鲜果采摘时可溶性固形物含量应达到或超过 15%。

2. 方法

受甜樱桃自身的某些特性限制，采收时时间上不仅要谨慎选择，而且，对其采收的方法也相对比较严格。两者也直接决定甜樱桃在销售市场上的价格，影响其经济效益。甜樱桃是多花品种，每花序坐果 1～6 个，因此，坐果早晚不同，成熟期也不一致，成熟期因其在树冠中的部位和着生的果枝类型不同而不同。因此，要根据果实成熟情况，在采收时应该分期分批进行。最好在凉爽天气或每天早晨采收，最好在晴天的上午 9：00 以前或者下午气温较低、无露水的情况下采收。采摘时必须手工采摘，采摘时应带果柄，无伤采收是关键一环。采收后进行初选，剔除病烂果、裂果和碰伤果。采收后的果实放入有软衬垫的容器内，要轻拿轻放。采摘后的果实不能在太阳的直射下放置。这样不仅影响甜樱桃果实的寿命，而且也有损于其商品质量，从而影响其经济效益。

采收时最关键也是最重要的一点就是"无伤采收"。无伤采收顾名思义就是在采收时，尽可能地将果实的损伤减少到最低程度或者使其无伤。由于甜樱桃果皮薄，硬度相对较小，在采摘过程中很容易造成伤果。采摘时应用手捏住果柄轻轻往上掰动。注意应连同果柄采摘。在采摘过程中应配备底部有一小口的容器，容器不能太大，而且必须内装有软衬，以减少其机械碰撞。将采摘下的果实轻轻放入容器内，从容器内往外倒时可以从底部流口处轻轻倒出。做到轻拿轻放。

二、果实分级与包装

甜樱桃是水果中的珍品之一。设施栽培甜樱桃果实上市时，正值市场鲜果供应的淡季，采用合理、精美的包装，不仅可以减少运销损失，而且可以保持新鲜的品质，提高商品价值。

采收后，进行分级筛选，剔除病虫果和畸形果，按照销售要求进行分级和包装。甜樱桃果实不耐挤压，包装材料多采用纸箱、塑料盒和聚苯乙烯泡沫箱。包装盒不宜过大，一盒以 1kg、2.5kg、5kg 规格为宜，远途运输，每个包装盒容量不要超过 10kg。外包装一定要耐压、抗碰撞。

参 考 文 献

[1] 潘凤荣，关海春，郝瑞敏．大樱桃新品种简介［J］．北方果树，1999，
     （05）：30-31.

[2] 吴禄平，吕德国，刘国成．甜樱桃无公害生产技术．北京：中国农业出版
     社，2003.

[3] 王江勇，高华君，王家喜．不同叶面肥对甜樱桃座果率和品质的影响．北
     京农学院学报，2010，25（4）：12-14.

[4] 李延菊，张序，卢建声，王永奇，杨艳萍，孙庆田．喷施叶面肥对甜樱桃
     坐果率及果实品质的影响．中国果树，2013，（5）：34-36.

[5] 赵改荣，黄贞光．大樱桃保护地栽培．郑州：中原农民出版社，2000.

[6] 韩凤珠，赵岩，王家民等．大樱桃保护地栽培技术．北京：金盾出版
     社，2007.

[7] 于国合，姜远茂，彭福田．大樱桃．北京：中国农业出版社，2006.

[8] 张开春．无公害甜樱桃标准化生产．北京：中国农业出版社，2005.

[9] 冯玉增，程国华．樱桃病虫害诊治原色图谱．北京：科学技术文献出版
     社，2010.

[10] 韩凤珠，赵岩．大樱桃保护地栽培技术．北京：金盾出版社，2013.

[11] 刘保友，张伟，栾炳辉等．大樱桃褐斑病病原鉴定与田间流行动态研究．
      果树学报，2012.

[12] 刘志恒，白海涛，杨红等．大樱桃褐腐病菌生物学特性研究．果树学
      报，2012.

[13] 王文文，宗晓娟，陈立伟等．中国甜樱桃病毒病及其检测技术研究进展．
      湖北农业科学，2012.

[14] Weis K G，Southwick S M，Yeager J T，Rupert M E and Coates W W.
      Control of dormancy and budbreak in sweet cherry（Prunus avium L.）cv.

'Bing' with surfactant ＋ calcium ammonium nitrate and hydrogen cyan-amide. Hortscience, 1998, 33: 514.

[15] Murray Clayton, William V. Biasi, I. Tayfun Agar, Stephen M. South-wick and Elizabeth J. Mitcham. Postharvest quality of 'Bing' cherries fol-lowing preharvest treatment with hydrogen cyanamide, calcium ammonium nitrate, or gibberellic acid. Hortscience, 2003, 38 (3): 407-411.

[16] 孙瑞红, 李晓军. 图说樱桃病虫害防治关键技术. 北京: 中国农业出版社, 2012.

[17] 董薇, 宋雅坤, 吴明勤等. 大樱桃病毒病研究进展. 中国农学通报, 2005.

[18] 高东升, 王海波, 李宪利等. 根癌病对几种樱桃砧木生长发育及氮、磷分配的影响. 山东农业大学学报, 2005, 36 (4): 489-494.

[19] 张序, 张福兴, 孙庆田. 甜樱桃畸形果的成因及防治措施. 中国果菜, 2013, 9: 32.

[20] 张福兴, 孙庆田, 张序等. 大樱桃品种、砧木与生产关键技术, 2014.

[21] 中国农业科学院. 中国果树栽培学. 北京: 农业出版社, 1987.

[22] 张建新. 无公害农产品标准化生产技术概论. 杨凌: 西北农林科技大学出版社, 2002.

[23] 孙玉刚, 张福兴. 樱桃生产技术百问百答. 北京: 中国农业出版社, 2005.

[24] Tracey J., Bomford M., Hart Q., Saunders G. and Sinclair R. Managing Bird Damage to Fruit and Other Horticultural Crops. Canberra: Bureau of Rural Sciences, 2007.

[25] 宫美英, 张凤敏, 孙庆田, 姜学玲, 张福兴. 大樱桃花芽形态分化期的观察. 北方果树, 2007, 4: 9-13.

[26] 张福兴, 孙庆田, 姜学玲, 李延菊, 张天英, 连翠春, 迟乃峰. 论甜樱桃优质果品生产. 烟台果树, 2013, 4: 3-5.

[27] 吕德国，杜国栋，刘国成. 促花措施对日光温室甜樱桃幼树成花及坐果的影响. 沈阳农业大学学报，2002，33（1）：17-21.

[28] 赵祥奎，张序，姜远茂. 秋季叶施尿素对甜樱桃产量和果实品质的影响. 山东农业大学学报，2007，38（3）：369-372.

[29] 张颜春，刘建伟，曲忠峰等. 设施栽培大樱桃存在的问题与克服方法[J]. 山西果树，2008，(1)：34-36.

[30] 刘庆忠，赵红军. 甜樱桃畸形果的产生原因[J]. 落叶果树，1999，(3)：24.

[31] 刘坤，许宏艳. 我国甜樱桃设施栽培发展现状[J]. 北方果树，2011，(2)：47-49.